心理吸引力

韦良军　蒋云蕙◎编著

中国纺织出版社有限公司

内 容 提 要

一个成功的人，他的身上总有光环一样的东西，能吸引他人靠近他、关注他，甚至在不知不觉中接受他的影响、号召，这就是吸引力。拥有强大吸引力的人有着强大的社交魅力、潜力，这是人生成功的前提。学习一些吸引力法则并按照计划提升吸引力，就可以改变个人气场，从消极到积极，从弱小到强大。

本书以心理学知识为基础，结合现实生活，阐述了关于吸引力法则的相关知识以及如何有效提升自己的吸引力，从而改变自己的命运，创造美好的生活。

图书在版编目（CIP）数据

心理吸引力 / 韦良军，蒋云蕙编著. --北京：中国纺织出版社有限公司，2024.4
ISBN 978-7-5229-0932-5

Ⅰ. ①心… Ⅱ. ①韦… ②蒋… Ⅲ. ①成功心理—通俗读物 Ⅳ. ①B848.4-49

中国国家版本馆CIP数据核字（2023）第167233号

责任编辑：张祎程　　责任校对：高　涵　　责任印制：储志伟

中国纺织出版社有限公司出版发行
地址：北京市朝阳区百子湾东里A407号楼　邮政编码：100124
销售电话：010—67004422　传真：010—87155801
http://www.c-textilep.com
中国纺织出版社天猫旗舰店
官方微博 http://weibo.com/2119887771
天津千鹤文化传播有限公司印刷　各地新华书店经销
2024年4月第1版第1次印刷
开本：880×1230　1/32　印张：7.5
字数：128千字　定价：49.80元

凡购本书，如有缺页、倒页、脱页，由本社图书营销中心调换

前言
PREFACE

生活中的你是否曾经有这样的疑问：

在社交场合，为什么有的人一出场就能赢得全场关注？

为什么一些人一开口就能让他人言听计从？

为什么一些人无论提出什么主张，都能一呼百应？

为什么一些人无论做什么工作，都能顺风顺水，好像有用不完的运气？

为什么一些人总是朝气蓬勃、充满力量感，让人如沐春风？

这是因为他们身上自带某种魔力——吸引力。吸引力是一种类似光环的东西，会让周围的人不自觉地靠近他们，接受他们的感召和影响。有强大吸引力的人，什么也不说、什么也不做，就能给人一种非常有力量的感觉。

那么，什么是吸引力呢？所谓吸引力，是指能引导人们沿着一定方向前进的力量。人们虽然无法看到吸引力，却能够真实感受到它对生活的巨大影响，不过，几乎没有人知道吸引力的真正含义，更不用说如何应用了。

对此，一些人可能会好奇，人的吸引力与什么有关呢？心

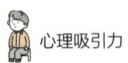

理学家认为，一个人身上的吸引力并不是来自其出身、学历、地位或者财富，而是来自其精神状态，包括信念、坚持与奋斗。当一个人自信大方、侃侃而谈时，你会发现他不完美的脸上闪耀着光芒；当一个人醉心于工作、对工作充满热情时，你会发现他在团队中有着强大的凝聚力；当一个人始终积极向上、不惧生活的困难时，你会发现他似乎拥有神奇的魔力，能赶走身上的坏运气……这就是强大吸引力的功用，也是所有成功人士诞生的土壤。对于生活中的我们来说，如果也能积极向上、一直保持乐观的态度，并且对自己的目标有着强烈的渴望，那么，你也会产生巨大的能量，进而协助你以超快的速度实现目标。

那么，我们该如何修炼和提升自己的吸引力呢？这就是我们在本书中要阐述的内容。本书从心理学的角度，从一个人的外在和内在两个角度，帮助我们认识到吸引力对人生方方面面的重要性，并帮助我们设计了一套吸引力法则，相信每一位读者都可以按照自己的期望来改善自己、改善自己与他人的人际关系，让自己永葆活力，最终脱胎换骨。

编著者

2023年11月

目录
CONTENTS

第 01 章
揭开吸引力的神秘面纱：什么是吸引力

相信你会拥有，才可能真的拥有 ~ 002

自信，是奇迹产生的根源 ~ 004

成功，并不只是运气的产物 ~ 008

潜意识具有神奇魔力 ~ 010

提升吸引力，心理磁场成就自我 ~ 014

第 02 章
神奇的吸引力法则：掌握决定命运的神奇力量

分享能让人产生吸引力 ~ 020

强烈的动机，会产生源源不断的气场 ~ 023

强大的气场，方能成就强大的格局 ~ 026

善于合作的人，气场强大 ~ 029

像成功者一样，你能产生强大的吸引力 ~ 033

一颗赤子之心，能吸引周围的人 ~ 037

第 03 章
你内心最期待什么，就会吸引到什么

积极学习，知识能让你获得底气 ~ 042

心之所向，你才会达成所愿 ~ 045

你期待自己什么样，就会变成什么样 ~ 048

积极的思考，才有积极的结果 ~ 052

积极的自我暗示，让你产生强大气场 ~ 056

克服人生短板，提升气场 ~ 059

第 04 章
丰富你的灵魂：内心强大是吸引力的核心

只要止步不前，你就是在退步 ~ 066

坚韧不拔，终能突破困境 ~ 069

真正的强大是内心的强大 ~ 073

淡定从容，看淡一切身外物 ~ 076

谦逊，比自夸更能吸引人 ~ 080

热忱，是对他人的最高礼遇 ~ 083

第 05 章

自信带来的吸引力，助你成就最好的自己

成功，就是好习惯的不断积累 ~ 090

没有人可以贬低你，除了你自己 ~ 093

相信自己，并大胆迈出第一步 ~ 097

积极的自我暗示，告诉自己一定能成功 ~ 100

你的成就，终将超出你的想象 ~ 103

常常反躬自省，不断完善自我 ~ 107

第 06 章

专心致志做一件事，成功也会被你吸引而来

专注，是成功的前提 ~ 112

做好计划，让人生更加从容镇定 ~ 115

找准目标，才有奋斗的方向 ~ 119

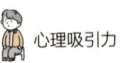

信念，是强大的内驱力 ~ 122

保持激情，才能获得强大吸引力 ~ 125

坚持你的信念，必将终有所成 ~ 128

▶ 第 07 章 ◀

带着使命感和热情工作：散发强大的职场正能量

一旦对工作感兴趣，你就会产生动力 ~ 134

对工作要秉持负责任的态度 ~ 137

要想获得人生转折，唯有奋斗可以帮你做到 ~ 141

带着热情工作，你会散发无限魅力 ~ 145

做好职业规划，根据计划安排工作更顺心 ~ 149

用心工作，不要看不起任何一件小事 ~ 151

▶ 第 08 章 ◀

打造个性魅力：一出场就能吸引他人目光

打造好形象，成功吸引他人目光 ~ 156

把握第一印象，敲开他人心门 ~ 160

幽默，是最高段位的吸引力 ~ 164

倾听，是一种绝佳的社交技巧 ~ 167

走向成功，离不开独特的人格魅力 ~ 171

彬彬有礼，展现你的良好修养 ~ 175

第 09 章
积累实力：让你获得一呼百应的感召力

机智果断，一种能让他人臣服的魅力 ~ 180

只有强烈的渴望，才能让你产生积极的行动力 ~ 183

让欲望引导你提升自我，为吸引力添砖加瓦 ~ 186

远离负面情绪，形成更强大的吸引力磁场 ~ 190

微笑具有神奇的魔力 ~ 194

找准你的位置，形成你的吸引力 ~ 198

越是谦逊低调的人，越是有吸引力 ~ 201

第 10 章
重信义轻钱财：反而能形成强大的财富吸引力

尽早学习理财，你不理财，财不理你 ~ 206

爱财无错，但不能为金钱所累　~　209

财富有什么价值　~　212

君子爱财，用之有度，更要取之有道　~　215

尽早树立正确的金钱观　~　219

比财富更为重要的是信义　~　223

好人品是多少财富都无法换来的　~　225

第 01 章

揭开吸引力的神秘面纱：什么是吸引力

相信你会拥有，才可能真的拥有

心语交流

你相信自己一定会拥有什么，你就会拥有什么。并非是你想要的飘到你身边，而是因为你的内心坚定不移，因而也能够破釜沉舟地奋力一搏，从而实现自己的梦想。因此，要想改变命运，我们首先要从改变心态开始。心改变，世界随之改变。从现在开始，相信自己吧，相信自己一定能够拥有全世界，你的命运就会与众不同。

心灵故事

曾经有个出租车司机，每天都在抱怨自己的生活。他抱怨常常拉不到客人，抱怨乘客素质低下，抱怨拥堵的道路。这样的日子，让他几乎对生活失去了信心，也对自己的人生感到绝望。有一次，他无意间看到一篇文章，文章的题目叫《相信，就能拥有》。他茅塞顿开，意识到自己的抱怨只会让生活更不如意。他决定做出改变，他把车子打扫得干干净净，修好车里的空调，还把自己也收拾得利利索索，精神帅气。每当有客人坐进车子里，他还会耐心地询问对方听什么音乐，他就像春风一般，让乘客感到温暖舒适。有一位客人在享受过这种独特的服务后，很惊讶地问："你是什么时候开始这么做的？"他友好地回答："从我突然想明白应该如何生活开始。抱怨并不能改变什么，我必须相信，才能拥有一切。"这位乘客下车时，和出租车司机互相留了电话。

没过几天，乘客再次光顾这位出租车司机的生意，并且问："我的公司正好缺少一位行政主管，如果你愿意，我想你

能很好地代表我们公司的形象，让每一个光顾的人都感受到宾至如归的温暖。当然，年薪会比你现在的工作高很多。"出租车司机高兴地同意了，他说："我相信，我会做得很好！"

心理课堂

相信，就能拥有。不管是健康快乐，还是幸福美满，只要你怀着一颗真诚的心，坚定不移地相信，你的心态就会随之改变，你的世界也会随之改变。生活中，很多人之所以生活过得不好，就是因为他们总是郁郁寡欢。实际上，这样的心态伤害的恰恰是自己。比如一间屋子，你的心就是屋子里的那盏灯，它决定了整间屋子的亮度。从现在开始，改变自己，相信自己！只有相信，才能改变；只有相信，才能拥有！

自信，是奇迹产生的根源

心语交流

我们必须相信自己，只有相信自己，才能创造奇迹。面对那些成功的人，很多人都羡慕不已，带着敬畏说："他特别有天赋，非常人所能及。"这样的话，无非是在给自己的懦弱找借口。

很多时候，囚禁我们的不是牢笼，而是我们自己的心。在尝试着做一件事情时，有很多人在事情还没有开始时就会说"我不行""我不可能做到"等诸如此类的话，最终的结果就是他们还没有努力就放弃了。任何想法，如果只停留在想的阶段，都只能是空想。相反，任何想法只要敢于付诸实践，哪怕最终遭受失败和挫折，也收获了经验，也会为未来的成功打下坚实的基础。

心灵故事

很久很久以前，有位年轻人特别勤奋好学。有一天傍晚，他拿出导师给他布置的作业，开始用心地思考。和以往一样，最后一题有难度。然而，不同的是，他想了很长时间，也没能找到问题的答案。他觉得自己被困住了，就像走进了死胡同。但是，他很自信，他告诉自己：既然导师让我做这道题，一定是觉得我有能力找到答案，我不能让导师失望，必须竭尽全力，解答问题。

然而，他此前从未做过这种类型的题目，他想了很久，直到东方发白，也没有想出头绪来。争强好胜的他不愿意就此认输，他采取了各种思维方式。终于，在太阳出来时，他找到了解题的办法。

当他把作业交给导师时，导师拿着作业的手激动得颤抖起来。导师问："这道题目是你一个人解答出来的吗？"他漫不经心地说："是啊，老师，这道题很难，我足足想了一个晚上。"导师兴奋地说："你可真是个天才啊，你把阿基米德、牛顿等大师都没有做出来的题目，解出来了。我一直都想解这道题，却从未找到头绪。你太伟大了！"其实，如果老师早些把这道题目的背景说出来，也许他就解不开这道题了。他只是把它当成一道普通的作业题，所以才花费了整晚的时间完成作业。

后来，他成了德国伟大的科学家，不仅精通数学、物理，还在天文学和大地测量方面做出了巨大的贡献。他就是约翰·卡尔·弗里德里希·高斯。直到暮年，高斯在想起曾经的这道数学题时，依然感慨万千：幸好导师没提前告诉我那道数学题两千多年来始终悬而未解，不然我哪怕耗费十年时间也找不到答案。

心理课堂

心理暗示的作用非常重要，不管什么时候，我们都应该给予自己积极的心理暗示，这样才能更好地完成任务，进而成就自己。很多奇迹都是在不知不觉中创造出来的，这是因为只有在心理状态放松的情况下，我们才最自信，也才能发挥出最强大的能量。

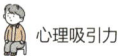

成功，并不只是运气的产物

从吸引力法则的角度来说，当我们帮助自己拥有积极正向的磁场时，我们就能把自己想要的吸引过来。从心理学的角度来说，这叫强烈的自我暗示。在这样的自我暗示下，我们能够更好地鼓舞自己，努力实现美好的梦想，从而使整个人都变得精神抖擞、斗志昂扬。由此可见，心想事成并非仅仅依靠运气，更多的是自我激励、自我坚持以及坚定的信念。

人到中年的张荞被医生确诊为肝硬化，并且被下了最后通知：最多只能活三四年。得到宣判之后，他没有一蹶不振，没有绝望放弃，而是选择了活一天赚一天的心态。他没有因为身体状况每况愈下躺在家里，而是坚持动起来。与前妻离婚好几年始终单身的他，不仅找到了新工作，还组建了新的家庭。如今的他，每天都很快乐，被损坏的肝细胞虽然没有完全康复，但也没有进一步恶化。他与肝病共生，始终保持着积极乐观的生活态度。

"乐观是思维方式，也是实实在在的行动。""激励理论"的专家曾指出，90%以上的人在遇到坎坷时，都会选择攻击、退化、压抑、回避、固执等反应，只有不到10%的人选择积极面对，寻找办法解决问题。由此可见，人群之中很少有人会选择积极思考，也正因为如此，人们习惯了消沉沮丧，很少有人能够主动寻找快乐，积极解决问题，战胜磨难。

心理课堂

所谓吸引力法则，并不是说我们可以肆无忌惮地胡思乱想，然后就等着天上掉馅饼，让命运帮助我们实现一个又一个梦想。要想吸引力法则真正起到积极的作用，我们首先应该是

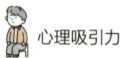

积极乐观的，能够在想之后付出切实行动，为自己的梦想插上翅膀。吸引力法则并非教导我们不劳而获。不管我们多么努力地去想，要想把梦想变成现实，要想有所收获，都必须付出切实的行动，这样才能让我们离成功更近一步。

潜意识具有神奇魔力

心语交流

弗洛伊德把人类的意识分为潜意识、前意识和意识三个部分。在心理活动过程中，潜意识、前意识和意识虽然是心理状态的不同层次，但它们是彼此联系、不可分割的整体。弗洛伊德对此作了形象生动的描述：人的意识就像是漂浮在水上的冰山一般，能让别人和自己看见的只有露出水面的那一小部分，它们往往只是那一块冰山的一个小角落；还有很大一部分是藏在水下的，人们不会轻易地看见它们，而且越往下表示藏匿越深，这藏在水下的大部分就是潜意识；在意识和潜意识之间的部分就是前意识，它是水上与水下相接的部分，只可以被隐隐约约地看到，在一定条件下就会显露在人们面前。

由此可见，潜意识是压抑在内心最深处的部分，通常不会被人们察觉到。然而，它对我们的生命活动的确有着不容小觑的影响，它潜移默化地影响着我们的生活。如果我们能够很好地运用潜意识，有意识地提高其在我们生活和工作中的作用，那么潜意识就会发挥出巨大的作用。

心灵故事

萨利是三个孩子的母亲，一直在自家的农场里生活，很少出门。偶尔全家外出旅游，萨利也总是推三阻四，因为她总是晕车，即使是和家人一起出游，也无法快乐地玩耍。

前段时间，萨利的大女儿要结婚了，萨利应邀去女婿家里做客，顺便商讨女儿的婚事。萨利虽然不想去，但是女儿结婚是件大事，她必须到场。女婿家离得很远，要驱车走七八个小时。女儿提前给萨利服下晕车药，避免萨利晕车。也许是因为心情好，也许是因为晕车药起了作用，萨利一路上都精神抖擞，和全家人有说有笑，根本看不出有晕车的迹象。到达目的地后，看着兴高采烈的母亲，大女儿说："妈妈，你没有晕车。"萨利高兴地说："这都是你给我的晕车药发挥药效了。"这时，大女儿笑着说："哪里是晕车药啊，我给你吃的

是维生素。爸爸说先给你吃维生素，如果效果不好，再吃晕车药。"听了女儿的话，萨利惊讶极了，因为她真的一点儿也没晕车。

心理课堂

要想更好地利用潜意识，发挥潜意识的巨大魔力，使其对工作和生活都起到积极的作用，我们就应该更加深入地了解潜意识。那么，关于潜意识，我们应该了解什么呢？

1. 记忆，是潜意识的材料库

要想让我们的潜意识发挥更大的作用，就必须积累更多的材料，让其储备丰富。例如，我们可以多多看书，经常留心生活中的事情，让我们的大脑成为储备丰富的宝库。

2. 控制潜意识，让其引导我们走向成功

要想让潜意识发挥积极的作用，我们就必须拥有积极的心态，让自己变得更加正向。消极心态会给我们消极影响，使我们在不知不觉间变得沮丧绝望，导致永远与成功失之交臂。

3. 让潜意识在我们休息时继续工作，给我们带来灵感

虽然我们无法清晰地去感知潜意识，但是潜意识始终保持着积极的思考习惯，在我们不知不觉的情况下，也依然不知疲倦地工作。大部分人都曾经有过这样的体验：很多苦思冥想也不得其解的问题，在洗澡的时候，甚至在睡梦中，突然间脑洞大开，灵光一闪，茅塞顿开。这实际上就是潜意识在工作。

4. 潜意识的最大作用，体现在自我暗示上

很多人总是抱着悲观的想法，一遇到困难第一时间就想放弃，根本不想绞尽脑汁地想办法解决问题。在这种情况下，只有不断地进行自我暗示，让自己变得乐观坚强，才有可能改变现状。

提升吸引力，心理磁场成就自我

心语交流

每个人都有磁场，磁场既看不见，也摸不着，但它却是一

种客观存在的巨大能量。对于每个人来说，磁场就像是宇宙的吸引力，让我们的人生循着轨道一路向前。磁场可以分为意念磁场和爱的磁场。

意念磁场

意念，顾名思义，就是我们心里的念想。很多时候，我们都会有独特的感受，觉得自己想什么就来什么，相信什么，什么就灵，这其实是磁场在发挥吸引力的作用。与此恰恰相反，假如我们总是悲观绝望，我们的磁场也会变成负能量，吸收很多消极的思想和情绪，导致我们诸事不顺。在这种情况下，我们必须有意识地让自己充满正能量，发扬积极的正向思想。

爱的磁场

宇宙是能量最强大的磁场。爱越博大，我们爱的磁场也就越博大。爱自己也爱世人的爱，能够帮助我们集聚巨大的磁场，从而帮助我们吸引更多的爱。一旦我们遇到困难，爱的磁场就会发出信号，让所有有爱的人都感受到我们的呼唤，来帮助我们渡过难关。通常，我们认为爱是一种虚无的存在，是形而上的，在这里，我们要说爱是一种物质，是一种能量巨大的磁场。

心灵故事

　　这个周末,娜娜百无聊赖。她一个人待在家里,看了个电影,喝了杯茶。突然之间,她想起了久未联系的莉莉。几年前,娜娜和莉莉形影不离,每天都腻在一起。后来,莉莉出国了,和娜娜的联系也越来越少。然而,这并不影响她们之间的情谊,记得去年春节,她们一年多没见面,见面之后依然像之前天天在一起一样,非常熟悉和亲密。正在娜娜笑着回忆过往的事情时,家里的电话突然响了。娜娜拿起电话,听筒里传来熟悉的声音,娜娜惊讶极了,她大喊道:"天哪,莉莉,真的是你吗?你知道吗,此时此刻,我正坐在这里想咱们以前在一

> 起的时光呢,咱们可真是心有灵犀啊!"莉莉笑着说:"这不是心有灵犀,而是我接收到了你爱的信号。你不知道,我正在忙碌地工作着,突然就无法集中精神,我觉得必须给你打个电话。"就这样,两个好朋友谈笑风生,足足聊了一个小时才挂断电话。

这样的情况在现实生活中经常发生。很多时候,我们看似漫不经心地在想一个人,突然就响起了敲门声、响起了电话铃声,恰恰是对方来到了我们的眼前,或者心有灵犀地打来了电话。这样的感觉太奇妙了,让我们都难以相信这是真的。

心理课堂

1. 调整心态,积极正向,充满正能量

既然吸引力法则主张很多存在物都是被我们的磁场吸引过来的,那么我们当然要充满正能量,这样才能吸引好的事物,帮助我们的人生更加顺遂。

2. 让自己成为一个纯净的人,吸引更多的纯净之人

日常生活中,我们总是说和一个人是否投缘,现在看来,投缘的人之间磁场一定相互吸引,不投缘的人之间磁场一定缺

乏吸引力。我们自己的磁场，决定了我们拥有什么样的朋友，也决定了我们能够吸引多少朋友，既然如此，就让我们调整好心态，吸引更多的好朋友吧！

第 02 章

神奇的吸引力法则：掌握决定命运的神奇力量

分享能让人产生吸引力

心语交流

很小的时候，我们就开始和一起玩耍的小伙伴分享美食、玩具或者其他东西。长大后，我们越来越习惯于区分是你的还是我的，甚至和父母之间都分得无比清楚，渐渐地，我们不再习惯分享。分享，从本质上说是一种美德。分享快乐，快乐会变成双倍；分享痛苦，痛苦会减半，这就是分享的魔力。善于分享的人，都有着一颗博爱的心，不管是在生活中，还是在工作中，他们都拥有好人缘，这也就注定了他们的成功。

心灵故事

从前，有一个贫穷的小男孩，为了攒够自己的学费而挨家挨户地推销商品。这天，下着大雪，劳累了一整天的男孩连一件商品也没有卖出去，他感到十分饥饿，但摸遍全身只有一角钱。男孩十分沮丧，他几乎想要放弃自己的求学梦想了，这时，他敲开了一户人家的门，打算讨一口水喝。

开门的是一位年轻的女子，当男孩小心地提出想要一杯水的时候，这位女子给了男孩一大杯温热的牛奶。男孩慢慢地喝完了牛奶，忐忑地询问自己需要付多少钱，年轻女子回答说一分钱也不用付。男孩道谢后离开了这户人家，他决心不仅要继续自己的求学之路，并且要像女孩一样做个善良的、乐于分享的人。

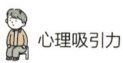

> 数年之后，这位年轻女子得了一种罕见的疾病，被转到了大城市由专家会诊治疗。而当年的那个小男孩如今已是医生了，并且参与了女孩医治方案的制定。
>
> 在医院的悉心照料下，女子终于要康复出院了，她觉得医药费将会花去她的全部家当。但当她翻开了医药费通知单后却发现，所有费用已经结清，费用单上写了一行小字："医药费是一满杯牛奶。"

当别人遭遇困难时，你以自己仅有的食物与其分享，那么，当你遇到困难时，对方肯定不会袖手旁观，或许你也会收获他人无私的帮助和回报。分享让我们获得友谊，也获得成功。善于分享的人，一定会拥有更强大的成功的气场，因为处处皆是对他的回报和馈赠，这是他种下的种子生根发芽了。

善于分享的人，成功的气场往往更加强大，因为他们心里不仅装着自己，也装着他人，甚至装着全世界。在他们无私分享的同时，他们也得到了别人慷慨的帮助和坚定的支持，自然能够获得更多。

心理课堂

分享是一种美德，是一种习惯，也是一种难能可贵的品质。善于分享的人，更懂得如何帮助他人，也更容易得到他人无私的回馈。人生的道路上，没有人能独自走过，只有善于分享，积聚好人缘，我们才能更好地走向成功。

强烈的动机，会产生源源不断的气场

心语交流

不管做什么事情，人们都会有动机，即做事的初衷。有的时候，动机不够强烈，人们会选择放弃采取行动；而当动机足够强烈的时候，人们便会毫不犹豫地将其转化为行动，这就是动机的力量。同样的道理，一个人要想获得成功，就必须有强烈的动机，否则，就没有足够的动力支撑他战胜困难，获得成功。由此可见，强烈的动机是获得成功必不可少的条件，只有动机足够强烈，人们的气场才会变得足够强大。

心灵故事

很久之前，有个年轻人参加了一场舞会。他在舞会上来回走动，突然发现一个长相漂亮、气质优雅的女孩，不由得怦然心动，他坐立不安，很想邀请那个女孩共舞一曲，然而，他不太擅长跳舞，很担心自己会遭到女孩的嫌弃。思来想去，眼看着舞会就要结束了，他才鼓起勇气，来到女孩身边。看着英俊潇洒的年轻人，女孩欣然应允，然而，刚刚跳了几分钟，女孩就气呼呼地甩开年轻人，一个人离开舞池。原来，年轻人的舞技实在太差了，他不是踩了女孩的左脚，就是踩了女孩的右脚，把女孩都踩疼了。

对于大多数年轻人来说，被美丽的舞伴丢在舞池里，一定会觉得很丢脸，也许从今以后再也不敢主动邀请美丽的女孩跳舞了。不过，这个年轻人是与众不同的，他不但更加热衷于跳舞，而且还坚持跳下去，最终，他成了人尽皆知的舞蹈家。他就是大名鼎鼎的穆瑞之。他曾经在电视上教无数观众跳舞，他去世后，有数以百计的舞蹈学校以他的名字命名。

人的脑海中每天都会蹦出各种各样千奇百怪的想法，要想让这些想法变成行动，就必须拥有强烈的动机。只有拥有动机，才能展开行动，只有开始行动，才有机会真正学习、进步和成长，才有机会发挥自己的巨大潜力，获得成功。

心理课堂

强烈的动机从何而来呢？也许，在动机真正产生之前，它只是你脑海中灵光一闪的想法。如果你认真对待自己的想法，将其变为自己的意志，并且下决心一定要完成自己的目标，那么你就拥有了动机。动机是否强烈，取决于你对这件事情的态度是冷漠，还是热情，只有怀着热情的态度，你才能拥有强烈的动机，从而全身心地投入到某件事情中去。

本质上来说，动机就是一种刺激或者诱因，能够促使你决

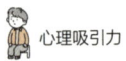

定做出某种行动。曾经有心理学家指出，很多人之所以无法获得成功，就是因为缺乏强烈的动机。看看那些成功人士，他们之中很多人并没有显赫的家世，也没有多高的学历，他们之所以能够成功，是因为他们有着强烈的动机。

强大的气场，方能成就强大的格局

心语交流

气场是什么？从本质上来说，气场就是环绕在人身体周围的磁场。这个磁场非常强大，它不但吸收了我们人生中的一切得失，还涵盖了我们的出身、长相、学识、脾气、秉性，等等。总而言之，一切与我们有关的东西或者经历，都体现在我们的气场中，这些东西或者经历，经过整合，变成了环绕我们的特殊能量。气场依附于我们存在，变成了我们存在的表现方式之一。

气场，简单说就是你给他人的一种感觉。很多将士，即使战败，也依然器宇轩昂，让人不敢直视，这就是气场强大。如果你的气场很强大，即使你面色平淡，也同样不会令你的气场减弱。

人的气场可以分为三部分：势、格局、人气。势，指的是人渴望做某件事情的心思，只要顺势而为，就能事半功倍。格局，指的是规划，一个人如果能够做到精心谋划，毫无疏漏，那么他的气场格局就会非常完美。人气，顾名思义，就是一个人对他人的感召力和号召力，通常情况下，具有领导力和好人缘的人，人气更加旺盛。如果一个人在这三个方面都趋于完美，那么他的气场一定非常强大。

心灵故事

秦朝末年，因为不满国家的苛捐杂税和残暴统治，民怨沸腾，各个地方的人民联合起来，决定起义，各诸侯国纷纷复辟。

有一次，赵国被秦国的重兵团团围住，危在旦夕。无奈之下，赵王赶紧派出信使，向楚怀王求救。楚怀王知道，一旦秦国灭了赵国，对楚国没有任何好处。于是，他马上任命宋义为上将军，项羽为次将军，率兵去帮赵国解围。

然而，宋义胆小怕事，听说秦军势力很强，居然让军队驻扎在半路上，自己则每天大吃大喝，再也不提攻打秦军、解救赵国的事情。没过多久，士兵们缺衣少食，每天只能四处寻找野草果腹。见此情形，项羽气坏了，冲进营帐杀了宋义，自命上将军，率领大军火速赶去解救赵国。

为了动摇秦军军心，项羽先派出一支部队，截断了秦军的运粮道路。接下来，他披挂上阵，亲自率领大部队渡过漳河。为了鼓舞士气，项羽下令每人只许留三天的口粮，然后把锅碗瓢盆全都砸碎，扔进河里，再把船也凿穿，沉入河里。这样一来，将士们看到项羽破釜沉舟的决心，全都意识到此战必须胜利，因为没有回头路可走。就这样，所有人都抱着不成功便成仁的决心，历经九次冲锋，终于战胜了秦军。这一仗不但解救了赵国，也使秦国元气大伤，最终走向灭亡。

项羽在著名的巨鹿之战中，精心谋划，先是切断秦军运粮的道路，后来又奋不顾身，冲锋在前，最后破釜沉舟，让将士们抱着必胜的信念，最终彻底打败秦军。如果不是项羽精心谋划，强大的秦军根本不可能被打败。

心理课堂

要想更好地塑造自身的气场，我们就应该更加用心地谋划。不管是势，还是格局，或者是人气，实际上都取决于我们的内心。其中，格局是最容易把控的方面，我们必须用心地做好格局，才能强大自己的气场。

善于合作的人，气场强大

心语交流

现代职场上，在职责划分明确的部门，每个人各司其职，

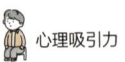

主动完成本职工作；在职责划分不明确的部门，则常常有些工作无人承担，导致工作效率非常低下。因此，现代企业在招聘时，最看重的其实不是你有多高的学历，也不是你有多强的能力，而是你是否拥有合作意识，能不能主动融入团队之中，勇于担当，敢于担当。

不管面对什么样的庞然大物，小小的蚂蚁们都能主动团结起来，通力合作，实现目标。民间还有句话，"一根筷子被折断，十根筷子抱成团"，很多情况下，团队的力量并非是个体力量的简单相加，而是在协同作用下，成倍增长。由此可见，缺乏合作意识是多么大的损失啊。要想成为团队中的核心人物，你不仅应该具备超强的工作能力，还要最大限度地发挥成员间的合作意识，增强团队凝聚力。当你能够号召身边的人开始团结协作时，你便成了团队里的灵魂人物，如此一来，你的气场怎么能不强大呢？要知道，一个在团队中能够一呼百应的人，一定有着超强的气场和过人的胆识与魄力。

心灵故事

张敏是一家公司的销售员，和大多数销售员一样，她最初只想做好自己的分内之事。后来，随着工作的逐渐深入，她发现仅仅完成自己的分内工作显然是不够的，因为如果不了解生产进度和库存，她就无法更好地销售产品。为此，每当张敏闲下来的时候，她就会和负责市场调度的同事沟通交流，有时候还会主动去库房帮助仓库管理员们整理货物，减轻他们的工作

负担。对销售部门的同事来说，尽管大家各自负责每个区域，实际上还是有竞争关系存在的，毕竟，对销售人员来说，业绩就是生命。不过，张敏和同事之间从来都是良性竞争，不存在任何钩心斗角，有时候，其他同事遇到困难，张敏还会主动帮

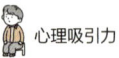

助他们一起渡过难关。就这样，张敏不仅和工作上的上下渠道搞好了关系，还和销售部的同事们相处得特别融洽。

有一次，张敏因为工作问题，得罪了领导。领导为此经常给张敏穿小鞋，让张敏难堪。不想，很多同事都纷纷向上级反映，力挺张敏。这时，领导才意识到张敏的强大气场，马上改变自己的做法，不再故意刁难张敏，不然，张敏的这些铁杆朋友们一旦集合起来，联合上告，只怕领导的职位都保不住呢！

那么，如何才能与同事之间更好地合作呢？如果你总是选择明哲保身，非自己工作范围内的事情概不插手，那么你很难与同事更好地合作。现代职场上的工作，大都需要多个部门协同作战，你只有放下小我，心怀公司，处处以公司利益为重，才能主动承担起更多责任，也才能有更多机会和同事合作。当团队成员出于自愿而团结一致时，这个团队的力量将是无法估量的。

心理课堂

从心理学的角度来说，所谓合作，是两个以上的个体或群体，基于完成共同目标的想法，集合力量，共同完成某项任务。为了适应社会，适应现代职场，每个人都应该拥有合作意识，树立合作理念，要知道，没有任何人可以脱离集体，独自完成某项工作。此外，合作还能帮助我们成为团队的核心人物，形成强大的气场，我们理应主动合作，积极合作。

像成功者一样，你能产生强大的吸引力

心语交流

气质，是一个人内在涵养的外在表现，且是在不知不觉间流露出来的，完全不能刻意为之。虽然气场与气质有几分相似，但是气场却比气质的力量更为强大，也更立体。气场也不同于气势，气势有时候会显得咄咄逼人，气场则非常平和。如果你有着强大的气场，包括领导和同事在内，会有很多人在无形中被你征服，因而信任你，佩服你，这就是气场的力量。

气场，与我们的性格和言行息息相关，它就像是一个人的魅力，能够悄无声息地征服他人。良好的气场能够帮助我们走向成功。气场与我们的内心紧密相关，如果我们的内心足够强大，那么气场也会随之增强。有些人天生丽质，气场自然不同，而那些相貌平平的人则可以通过化妆改变相貌，也可以通

过读书等活动提升气场，增强内心的力量。

成功者的气场也有着独特的标签，大凡成功者，一定非常自信，而且在遇到困难的时候，能够发挥坚韧不拔的品质，排除万难，渡过难关，这样的人，内心往往非常强大。强大的气场从来不会因为人的身份地位而减弱，只要你拥有强大的气场，即使你身如草芥，也会璀璨夺目。

真正能让你留在他人心里的，不是那张印刷精美的名片，而是你的气场。气场强大的人，只需要让人看一眼，就不会轻易忘记。现代社会的人际关系，形象很重要，它能帮你提升气场。当然，我们不能本末倒置，不管什么时候，内心都是主角，外在只是必不可少的配角。

心灵故事

近来，张强应聘了一家4S店汽车销售。这家4S店主营奥迪，每辆车都价值不菲。张强刚刚大学毕业，每天都穿着低廉的西服去上班，工作了一个月，始终没有把车卖出去。看到张强苦恼的样子，主管笑着说："能买得起几十万元甚至上百万元汽车的人，一定身价不菲。你要想成功地向他们推销自己和车，首先应该让他们信任你。我建议你去买一身三四千元的西装,作为工作服。等到下个月,你也许会发现惊喜。"下班后,他就按照主管的建议,去商场给自己添置了一身行头。

穿上这身价格昂贵的西装后,张强立马就觉得自己不一样了。后来,他还不停地暗示自己:我能行,我能行!我并不比那些来买车的人差,我是购车顾问,我要引导他们。

经过一个多月的实习,原本就对车情有独钟的张强,已经非常了解车了,再加上服装的搭配,他变得越来越自信。有

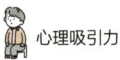

一次，一个看车的客户居然问他："你是这个店的销售经理吧！"就这样，张强成功地打造了自己的气场，居然接二连三地卖出去好几辆车。

在像个成功者之后，张强变成了真正的成功者。虽然他的成功微不足道，但是他已经迈出了成功的第一步。就是这么神奇，让自己看起来像个成功者，能够帮助你成功地征服他人，征服客户，征服自己。

心理课堂

要想让自己看起来像个成功者，你首先应该足够自信。一个自卑怯懦的人，别说博得别人的信任和认可，即使他自己也会非常怀疑自己。如果你是职场人士，那么你还需要依靠得体的装扮来给自己加油鼓劲。虽然说成功取决于我们的内心，但是也需要天时地利人和，如果能够争取更多成功的必要条件，我们为什么不呢？从现在开始，就努力充实自己的内心，提升自信，让自己看起来像个不折不扣的成功者吧。等到你都相信自己已经成功时，成功就会如约来到你的身边！

一颗赤子之心，能吸引周围的人

心语交流

《孟子》中说道："大人者，不失其赤子之心者也。"这里所说的"大人"，指的是品德高尚的君子；这里所说的"赤子"，指的是刚刚降临人世的婴儿，顾名思义，"赤子之心"，就是纯洁的、纯粹的、纯真质朴的心。这句话的意思是说，品德高尚的君子，拥有一颗真诚质朴、纯洁无瑕的心，就像刚刚出生的婴儿那么纯净质朴。只有心思纯粹的人，才能拥有更加强大的力量。纵观历史长河，那些有所成就的伟人，无一不是心思纯粹的人，尤其是在某个领域做出杰出贡献的人，更是把所有心思和毕生精力，都投注到这项事业中。

无论我们穿什么样的衣服，无论我们是什么身份，都应该怀着一颗赤子之心，自尊自爱。只有内心清澈纯净，我们的脸上才能挂起最纯真的笑容，我们的眼睛才能满怀真诚。人，既不应该妄自尊大，也不能妄自菲薄。从心灵的角度来说，每个人都是平等的，只要我们尊重他人，就能得到他人的尊重；只要我们善良美好，就会迎来幸福和希望。虽然人很渺小，但是

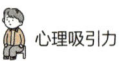

人的心却是一个完整的世界,我们要真诚善良,为自己创造一个强大的世界。

心灵故事

徐光耀13岁那年,加入了八路军,成为一名默默无闻的"小兵"。在七年的时间里,他作为抗战一员,无数次与日本侵略者交战,这使他拥有了坚强的意志,也为他后来成为拥有"抗战情结"的作家奠定了坚实的基础。他先是写作了长篇小说《平原烈火》,后来又创作出脍炙人口的《小兵张嘎》。中华人民共和国成立后,他也始终以抗战题材为主线,创作了无数优秀的抗战作品。

在徐光耀心里，他首先是战士，然后才是作家。他的每一部作品，都充满着浓郁的抗战情结。他是一个有着赤子之心的人，从旧社会到新中国，他始终不改初心。《小兵张嘎》是徐光耀里程碑式的作品。时至今日，依然有人对顽皮机智、勇敢可爱的小英雄嘎子百看不厌。之所以能够创作出如此优秀的作品，历经时间的考验依然深受人们的喜爱，是因为徐光耀从未忘记自己的生活，也从未忘记自己最初的人生经历。

心思单纯的人看起来也许不太适应这个瞬息万变的时代，然而，也只有心思单纯的人，才能更专注地做一件事情，直至成功。

不管时代如何发展，我们都要保持赤子之心。拥有赤子之心的人是幸福的，他们那么全神贯注，根本不会被外界所打扰；拥有赤子之心的人是强大的，因为纯粹的心灵让他们拥有了更多的力量。因此，他们的气场也变得与众不同，让人几乎一眼就可以从人群中认出他们。

心理课堂

赤子之心，首先是简单、纯粹之心，拥有赤子之心的人，不会胡思乱想，更不会让乱七八糟的想法扰乱自己的心绪。其

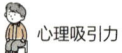

次，赤子之心还是简单纯粹的心，尽管人心险恶，但是拥有赤子之心的人不会随意去揣度他人，而是把注意力更多地集中在有益的地方。最后，赤子之心是质朴的心，不管万事万物如何改变，拥有赤子之心的人都会坚守本心，不会轻易改变。

第 03 章

你内心最期待什么，就会吸引到什么

积极学习，知识能让你获得底气

心语交流

中国古代大哲学家荀子曾说："学不可以已。"这句话的意思是说，人必须始终保持学习的状态，不然就会倒退。现代社会已经进入信息化时代，始终坚持学习显得更为重要。刚刚工作的大学生会发现，毕业不是学习的结束，而是学习的开始，面对生活和工作，我们有太多需要学习的知识和技能。针对这种情况，现代人才学领域出现了一个崭新的理论，叫作"蓄电池理论"，意思是说，每个人都应该把自己当成一块巨大的蓄电池，只有不断地学习，为自己充电，才能始终保持强劲的动力。

从个人的角度来说，气场的形成与吸引力息息相关，而气场，又与学识、经历等密切相关。只有努力填充自己的心灵和精神，努力提升自己的技能，让自己全方面发展，最终才能形成强大的气场。

活到老，学到老，终身学习既不同于学校教学，也不同于为了应付工作参加的培训，而是一种积极主动的、有计划的学习过程。所谓一口吃不成胖子，我们必须循序渐进，由简到难，才能保持学习的兴趣和主动性。在《劝学篇》中，哲学家荀子也说："不积跬步，无以至千里；不积小流，无以成江海。"总而言之，坚持学习的好习惯，是每个人顺应社会发展的需要，也是我们个体不断突破和进步的需要。

心灵故事

在单位，夏丽总是觉得抬不起头。原来，她所在的出版社主要负责出版大学教材。同事们基本都是研究生以上学历，只有夏丽是个普普通通的本科生，因此担任最累的出差工作，四处推销教材，几乎每个星期都要出差。而且，见到其他高学历的同事，夏丽也总觉得自己是个打杂的，没有任何地位。

为了改变现状，夏丽决定报考研究生。虽然已经工作和结婚了，再考研究生很难集中精力，但是夏丽还是咬紧牙关坚持了下去，最终考上了研究生。夏丽研究生毕业后，领导不仅给她分派了两个助手，还让夏丽担任发行部的主管。这样一来，夏丽简直是扬眉吐气，再也不觉得低人一等。她每天都打扮得精明干练，俨然是一位精英型白领。

看到夏丽的气场变得如此强大，办公室里的同事们都觉得她和以前完全不一样了。就连老公都说夏丽像是变了一个人，越来越年轻能干了！

一个人如果不学习，和其他坚持学习的人相比，即使原本处于同一个起点，也会退步。年轻人在刚刚工作的时候，难免会承受巨大的压力。一则，学历的差距给我们压力；二则，缺乏经验也使年轻人在工作上的表现没有那么突出。既然这样，不如从毕业之后就好好学习，不但要多读书，学习技能，也要多向经验丰富的同事请教，这样才能给予自己更好的未来！

> **心理课堂**

积极学习，是保证我们始终都在进步的必要手段。在这个如逆水行舟，不进则退的全民学习的时代，我们不但要积极主动地学习，更要有计划、有针对性地学习。

学习的方式多种多样，大学毕业之前有兴趣班和图书馆，大学毕业之后有单位的培训、个人的学习安排，等等。这些，如果你都能兼顾到，那么你一定会成为知识全新、理念先进的现代化人才。

心之所向，你才会达成所愿

> **心语交流**

我们喜欢一个人，不管这个人是我们身边的，还是遥不可及的歌星、影星，我们都会在无形中暗示自己，要多多关注这个人的信息。由此一来，我们就会在不知不觉间给予这个人更多的关注，从而也就会更加留意和搜集他的信息。当然，这个规律不仅仅在感情之中有所体现，用吸引力法则来看，如果我们想要做一件事情，我们的心也会吸引那些相关信息。例如，很多年轻人想要自主创业，又因为担心资金和经验的问题，不敢马上开始行动。殊不知，在他们一心一意想要创业时，和他们的梦想有关的人、事情、信息等，就都会蜂拥而至，这些得天独厚的条件，能够帮助他们更好地开展事业，吸引更多的人气，形成强大的成功气场。

心灵故事

小张是一位厨师，手艺非常好，他很想开一家快餐店。小张理想的店面是在大学校园周围，因为学生一到放学就会出来吃饭，人流量非常大。然而大学校园附近的小门面房已经被人抢占先机了，形成了成熟的商圈。为此，小张整日转悠，恨不得马上能建造一间房子开餐馆。

有一天，小张走累了，随意走进路边一家小商店买水喝。闲谈间，小张问老板："老板，你这里靠着大学，生意不错吧！"老板摇摇头，说："不错什么呀，学生不抽烟不喝酒，买些日常用品又去附近的大超市，我还想着有合适的机会把这间房子转出去呢！要不是提前预付了一年的房租，我早就不想干了。"听到老板的话，小张两眼发光，他马上问："您想怎么转让呢?"老板说:"把我交了的房租给我,再给个两万块钱吧。我知道,这里虽然不是开小商店的好地方,但是我左邻右舍的餐馆,那生意可是火爆得不得了呢!要是我会做饭,我也开餐馆了!"小张喜笑颜开,当即和老板谈起了转让的具体事宜。为了让老板毫不犹豫地把店面转给他,他还主动提出收购商店里的酒水饮料,开餐馆的时候可以用。老板也很高兴,和小张谈得非常愉快。

这正应了那句话,叫"踏破铁鞋无觅处,得来全不费工夫"。其实,小张能够找到这家店面,并不意外。小张始终在寻寻觅觅,心里不停地呼唤着门面房的出现,正是因为强烈的意念,所以他不管走到哪里,都记得寻找和打听与店铺有关的

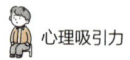

事情，这样一来，他就理所当然地找到了这个店铺。看来，小张心之所向，大量信息就涌到他的面前，他也就理所当然地找到了理想的店面。

心理课堂

在生活中，我们所向往的一切事物都源于我们的内心，它们先是在我们的脑海中出现，再引诱我们不停地追逐它们。在这个过程中，不管是快乐还是伤心，不管是顺利还是坎坷，我们都从未放弃过。这一切感受都来源于我们的内心深处，同样的道理，我们的幸福和信心也来源于我们的内心深处。

只要我们心怀向往，就能搜集到更多关于成功和幸福的信息，也能掌握更多通往成功和幸福的通道。

你期待自己什么样，就会变成什么样

心语交流

实际上，假如我们扬起自信的风帆，就会发现，我们很容易就能变成自己所期望的样子。例如，我们要想取得更好的成绩，考上名牌大学，我们只要将其设定为人生目标，坚持不懈努力，那么我们就一定会竭尽所能，考入自己心仪的大学；再如，我们想在工作上有更好的表现，不管什么时候，都竭尽全力去工作，不但能够按时完成上司交代的任务，而且能够积极主动地承担其他相关的工作，那么你的优秀表现肯定能被上司看到，升职加薪也就不成难题。总而言之，不管你想从主观方面还是想从客观方面提升自己，只要你一直期望，并且努力去做，你就一定能够得偿所愿。

从吸引力的角度来说，是吸引力的作用帮助我们完成了梦想；从努力的角度来说，正因为你有强烈的愿望，所以才会在不知不觉间朝着特定的方向努力，因而更容易实现梦想。总而言之，你必须坚持不懈地期望和努力，才能真正成为自己期望的样子。

心灵故事

焦耳是英国大名鼎鼎的科学家。很小的时候，焦耳就对物理学表现出浓厚的兴趣，虽然条件有限，但他还是主动做一些和电、热有关的实验，以满足自己的好奇心。一天，他和哥哥划船来到湖心，焦耳灵机一动，想测试湖心的回声情况。想到这里，他和哥哥一起把火药塞进枪管里，随着他扣动扳机，"砰"的一声，枪口里喷出长长的火龙，把焦耳的眉毛都烧光了，哥哥受到惊吓，也险些掉进深不见底的湖里。

他们回到岸边，突然间天空阴沉，电闪雷鸣。焦耳敏感地意识到，雷声虽然很大，但是每次都是在闪电的电光之后才能听见，这是怎么回事？焦耳已经忘记了躲雨的事情，和哥哥手牵手一起爬上山头，用心记录每次电光到雷鸣的间隔时间。

好不容易等到假期结束，焦耳一见到老师就迫不及待地把自己的实验成果向其汇报，还请教老师："老师，为什么闪电

总是在打雷之前出现呢？"老师看着焦耳渴望的眼神，耐心地告诉他："光的传播速度比声音更快。实际上，闪电和雷鸣是同时发生的。"焦耳恍然大悟。从那以后，他更加着迷于科学实验了。他持之以恒地努力学习，认真观察自然界的各种科学现象，最终成为一名优秀的科学家，为世人揭示了热功当量和能量守恒的定律，为全人类做出了巨大的贡献。

当然，并非每个人都能成为举世闻名的物理学家。不过，普通人也有普通人的梦想，要想更加接近自己的梦想，我们就要坚定不移地相信自己，唯有如此，我们才有动力，也才有更加执着的目标，并且为之不懈努力。

心理课堂

你也许不善于表达自己的感情和情绪，你也许对自己的样貌和身材不太满意，甚至你对自己精心挑选的丈夫也不满意，还有可能你不喜欢正在从事的工作……你有很多不满意，这其中有些是你不能选择的，有些是你无法改变的。那么，就让我们改变那些可以改变的吧，这样，你就会发现，你原本害怕的改变其实并没有那么可怕。只要你想，只要你努力，终有一天你会变成你所期望的样子。

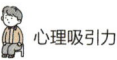

每个人在追求梦想的道路上，都会遇到很多困难。你只有坚持不懈，持之以恒，才有可能更加接近自己的梦想。

积极的思考，才有积极的结果

心语交流

很多年轻人在巨大的压力下，变得很消极，他们总是不停地抱怨，觉得自己没有得到公平的待遇。其实，这个世界上本就没有绝对的公平，与其花费很多时间抱怨，不如积极地面对现实，勇敢地挑战自己。

积极的人，即使遇到困难，也能马上改变现状，调整自己，奋起迎战。只有树立明确的目标，然后为自己建立一个美好的愿景，你才能鼓起勇气，一鼓作气，向着目标前进。从某种意义上来说，人的价值取决于人生的目标。能否实现人生目标，就在于我们能否勇敢地面对现状，积极地战胜困难。无论做什么事情，我们都应该抱着积极的心态。逃避是懦夫的行为，只有勇敢的人，才能始终保持积极的心态。首先，如果你每天都微笑面对他人，那么时间长了，即使你之前心情抑郁，只是在假装微笑，你也会发现自己的心情真的开朗起来，真正变得轻松愉悦。既然哭着也是一天，笑着也是一天，我们为什么不笑着度过这一天呢？其次，我们还应该学会肯定自己。每个人都有缺点，这一点是毋庸置疑的，然而，有缺点并不可怕，最重要的是要把缺点变成前进的动力，全身心投入到生活和工作中，这样才能不断进步。佯装积极就要适当肯定自己，这能够帮助我们扫除沮丧的情绪，毕竟我们也是有优点的，这样想来，你是不是就浑身充满了力量呢？最后，我们还应该积极地做运动。运动不仅能给我们一个健康的体魄，还能帮助我们拥有昂扬向上的精神。根据辩证唯物主义的观点，事情有两面性，很多时候，我们一旦变得积极，就会发现消极的事物也有积极的一面，这样消极的情绪就会烟消云散。

心灵故事

很久以前，有两个推销员一起到遥远的非洲，想向那里的

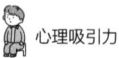

人推销鞋子。来到非洲之后,他们突然发现非洲人从不穿鞋子。因为处于热带,他们根本不担心脚底下会着凉,也因为传统习惯,从不穿鞋子。

看到这样的情况,其中一个推销员沮丧地给领导打电话:"领导,这里的人全都不穿鞋子,咱们的鞋子根本没有地方可以卖啊!"领导听了他的话,也觉得很绝望,说:"那你就打道回府吧,看来我们在非洲没有市场。"

另外一个推销员呢,他也马上给领导打电话。和前一个推销员截然不同的是,他的声音听起来无比亢奋,就像要汇报一个天大的好消息一样。他兴高采烈地说:"领导,我发现了一个巨大的市场。你知道吗?非洲人在此之前从来不穿鞋子啊!就算每个人只买一双鞋子,咱们的销量也会非常可观。如果我们的鞋子能得到他们的认可,那么作为第一个推销鞋子给他们的人,我们的订单一定会像雪花一样纷纷飘来啊!"领导也特别激动,说:"那可就太好了。这样,你马上去酒店订个长期的包房,驻守在那里。咱们一定要抢占非洲市场!"

就这样,两个推销员,因为心态不一样,也有了完全不同的命运。第一个推销员灰溜溜地回国了,第二个推销员呢,在非洲打开了销路,得到了成千上万张订单。

第03章 你内心最期待什么，就会吸引到什么

朋友们，你们习惯于积极地思考问题吗？虽然心态看起来没那么重要，然而不同的心态不仅会影响我们的行为，还会影响我们的命运。从现在开始，赶快调整心态，让自己成为积极乐观的人吧！

心理课堂

凡事都有两面性，因为心态不同，积极的人会看到有利的一面，消极的人只能看到有弊的一面。也正因如此，他们的选择和做法截然不同。积极的人勇敢地面对困难，战胜困难，超越自我；消极的人只能畏难而逃，永远不再回来。

我们必须拥有积极的心态，才能更好地面对未来，成就人生！

积极的自我暗示，让你产生强大气场

心语交流

心理暗示是一种常见的心理现象，人们在接受外界的信息或者他人的意愿、情绪等的影响后，自身的心理也会发生相应的变化，这就是心理暗示的作用。心理暗示往往采取非常自然的方式进行，属于非对抗性行为，接受暗示者往往是在不知不觉间接受信息，心理产生变化，自己却浑然不觉。著名心理学家巴甫洛夫认为，对于人类而言，暗示是最简单且最典型的条件反射。

如果我们能够恰到好处地运用积极的心理暗示，我们就能很好地调整自己的心态，让自己变得更加积极主动，乐观坚强。此外，我们还可以运用积极的心理暗示，影响身边的人，让他们更加充满勇气。积极的心态就像是烈日，让世界都为之燃烧；消极的心态则像清冷的月亮，总是不停地或圆或缺。这就是心理暗示对我们的巨大影响。如果我们经常对自己进行积极的心理暗示，坚定自己的信念，那么我们的气场一定会越来越强。要知道，只有一个自信、坚定不移、果敢的人，才能释放出强大的气场。

心灵故事

很久以前，非洲有一个特别闭塞的部落，这个部落有个奇怪的传统，如果年轻人想结婚，至少要捕捉九头牛作为聘礼，才能娶到满意的媳妇。有个年轻人特别会捕牛，在抓到了九头牛后，年轻人来到部落首领家，想迎娶部落首领的女儿。部落首领有两个女儿，大女儿很丑，小女儿很漂亮。看着年轻人赶来的九头身强体壮的牛，首领说："你的九头牛非常棒，你可以迎娶我的小女儿。"年轻人笑着摇摇头，说："不，我要迎娶您的大女儿。"首领笑了，说："但是，我的大女儿不值你这九头牛

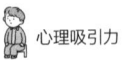

啊！"年轻人依然坚持迎娶首领的大女儿。这件事情，几乎让整个部落都轰动了，人们看着这个骄傲的新娘，羡慕不已。

几年的时间过去了，有一次，首领路过年轻人的家，看到他们正在举行篝火晚会。在人群的簇拥中，有个美丽的女子正在跳舞，还唱着宛如天籁的歌曲。首领惊讶极了，问年轻人："我的女儿呢，在哪里？"年轻人笑着指了指美丽的女子，说："她就在那里呀！"首领惊讶不已，说："天哪，这是我的大女儿吗，简直就像一个仙女啊！"

没错，首领看到的就是他的大女儿。因为得到了最强壮的

九头牛作为聘礼，原本自卑的大女儿马上变得自信起来，她不停地告诉自己：我很美，我值九头牛作为聘礼。几年之后，她果真变得貌美如花，而且非常自信从容。这种脱胎换骨的变化，正是强烈的积极的心理暗示在起作用。

心理课堂

即使没有九头牛，我们也可以对自己进行强烈的积极的心理暗示。要知道，每个女人都渴望自己变得更加美丽，即使容貌不能轻易改变，气质、神情也会赋予女人完全不同的气场。从现在开始，就让我们学会进行积极的心理暗示吧！

很多年轻人想要自主创业，却缺乏信心。如果能够进行积极的自我暗示，相信一定能够事半功倍，更快地走向成功！

克服人生短板，提升气场

心语交流

木桶，是由木板箍在一起做成的，每块木板必须密切配

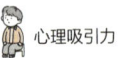

合，互补疏漏，严丝合缝，才能保证木桶正常的盛水功能。如果其中的一块木板短了半截，那么这个木桶的盛水量也会马上减半，因为不管其他的木板多长，只要有一块木板长度不够，就肯定会成为缺口，导致水源源不断地漏出去，即木桶的容量取决于最短的那块木板。从管理学的角度来说，这块短板就是这只木桶的"限制因素"，这就是"短板效应"，而要想增加木桶的容量，就要先把短板增长。同样的道理，企业的整体素质要想提升，最重要的不是提高高科技人才的比例，而是提升"短板"。只有把"短板"补好或者替换掉，企业才能更上一层楼。

一个企业的整体水平不是取决于最优秀的部门或者员工，而是取决于劣势部门或者工作能力一般的员工。现在，木桶理论已经广泛运用于各个行业，提示企业管理者，一个企业要想成为一只结实的木桶，必须提高所有木板的长度，切勿参差不齐。同样的道理，一个人要想获得长足的发展，也必须全方位发展，取长补短，这样才能提升整体的实力，形成强大的气场。

心灵故事

从前，有个企业做得特别好，不但上下级之间能够精诚合作，而且员工之间也非常团结，因此公司的整体业绩蒸蒸日上。不过，这些人里有个员工却是例外，他和领导的关系很僵。有一次，他提出了一个方案，领导否定了他，他就耿耿于怀，再也无法与领导心无芥蒂地相处。

这时，恰巧另外一个公司需要从这个企业借调一个人，进行市场调研。经过一番深思熟虑，领导决定派这个员工过去。这位员工得到调令之后非常高兴，觉得自己终于有了大显身手的机会。出发之前，领导不厌其烦地交代他："你被借调过去，既代表了你自己，也代表了我们企业的形象。我相信，你一定知道应该怎么做。如果实在觉得吃力，就告诉我，我马上再给你派助手。"几个月之后，用人公司打来电话感谢领导："真是太感谢了，你派的人给我顶了大用场，而且非常勤奋！"领导很高兴，说："哈哈，你如果需要，我这里还有更多更优秀的呢！"

几个月的借调时间结束了,员工回到了企业,显得非常自信和干练。对于领导,也完全释怀,与领导相处得非常愉快。

> 做得非常好!

经过这次借调,领导间接地激励了企业中的"短板",使其得到机会锻炼自己,也培养了他的信心。经过这段时间的锻炼,短板显然已经得到了增长,变成了长板。如此一来,企业的整体实力就得到了增强,毫无疑问,这家企业的气场会更加强大。由此可见,一个企业必须补足短板,才能提升企业的整体素质。这个道理在个人身上同样适用,我们必须发现自己的缺点和不足,取长补短,才能更好地提升自身整体素质,从而为自己的成功铺平道路。

心理课堂

很多时候，限制我们发展的并不是我们不够优秀，而是我们的缺点和不足。如果我们能认识到这个道理，做到积极主动地补齐短板，我们一定能够得到更加长足的进步，发展的过程也会更加顺利！

第04章

丰富你的灵魂：内心强大是吸引力的核心

只要止步不前，你就是在退步

心语交流

在现代快节奏、高强度的生活压力下，生活也同样如逆水行舟，不进则退。不管在什么情况下，我们都应该不忘初心，努力进取，唯有如此才能适应现代社会生活，为自己在社会上赢得一席之地。

如果你想要得到更多，那么你必须承受更多。同样的道理，如果你希望过着轻松的生活，那么你就只能降低自己的欲望，不要奢求太多。在顺境中，成功者从不骄傲，也不盲目乐观，而是更加小心谨慎地反思自身，借势而上，努力实现人生的梦想；而在逆境中，他们也从未倒地不起，而是在哪里跌倒就马上从哪里爬起来，拍掉身上的泥土，继续风雨兼程。这样的人生态度，如何能不进步呢？在强者的心里，停滞不前就是最大的退步，因此，他们要求自己每时每刻都要一往无前。

当命运为你关上了一扇门，肯定还会为你打开一扇窗。任何时候，握在手里的幸福才是真正的幸福，我们不能望梅止渴，也不能因噎废食。记住，只有努力奋进，你才能逆流而上。实际上，当人们把一切遭遇都归咎于命运时，不妨想一想，其实是我们自己创造了人生。内心强大的人，往往对于人生有着清晰的目标，不管遇到什么样的艰难困苦，都能始终一往无前地向着目标奋进。当你在困境中坚持着，努力走过最艰难的时刻，身边的人一定会衷心地为你竖起大拇指，这样一来，你自然会赢得他们的尊重和信赖，也会获得他们的支持与认可。由此，你会形成强大的磁场，以超强的吸引力吸引大家聚拢在你的身边，为你的成功添砖加瓦。

心灵故事

宏明是一家物流公司的老板，自创业以来，他用三年时间带领公司快速发展。如今，公司运转良好，连连盈利。对于现状，宏明非常满足。他常常说："我最初只是一个普普通通的快递员，几乎没人正眼看我。现在，我拥有这么大的公司，能够养活几十名员工，已经非常满足了。"然而，随着网购越来越热，物流业的发展也非常迅猛，而宏明的物流公司却因墨守成规，业务量越来越萎缩。虽然，宏明的想法很简单，他只希望公司保持现在的良好状态，遗憾的是，商场如战场，不进则退。在宏明安分守己时，几家大的物流公司都盯上了这块蛋糕，都想吞并宏明的物流公司。

宏明的合伙人马玉意识到这个问题，几次三番劝说宏明千万不能坐以待毙，要主动出击，抢占先机。然而，宏明不愿意冒险进取。果然，两年之后，宏明的物流公司被吞并了，宏明也从响当当的老板变成了一个部门主管。看到这样的结果，宏明后悔极了："唉，要是当初我能够主动出击就好了！也许，我还能趁势吞并别人呢！"

对于公司良好的运营状况，当然每一个老板都想维持。不过，如果是没有野心的老板，只想像宏明一样安守本分，只怕最终也难逃被吞并的命运。现代社会的商场，竞争异常激烈，尤其是在市场经济下，一切都由市场说了算。市场呢，则变幻莫测，所以要想守住江山，必须随时都怀着警惕的心态，努力改变自己，顺势而为，把长处发扬光大。

心理课堂

在人生之路上，没有人能够保证自己不犯错误，我们不能因噎废食，因为怕犯错误就不再去做。要知道，即使做错了，也比什么都不做强得多。一切的机会和可能性，都只有在做的过程中才能发现。努力修炼自己的内心吧，当你能够坦然理智地面对失败时，你就真正变得强大起来了！

坚韧不拔，终能突破困境

心语交流

坚韧不拔就是在任何情况下的坚持和执着，是对生命最坚定的守候。常言道，人生不如意十之八九，生活中，每个人都会遇到坎坷和挫折，而所谓的一帆风顺或者万事如意，都只是人们最真诚的祝福和最热切的渴盼。一旦遇到困难，能够帮助

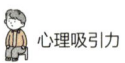

我们渡过难关的，唯有坚韧不拔的意志。

要想在艰难的生活中找到希望，我们也应该不管承受多大的压力和重量，都无怨无悔。很多人都曾抱怨过命运的不公，却不知道命运是在磨砺你的心性，准备派给你光荣而又艰巨的任务。如果你扛下了这个难熬的时刻，你就会拥有明媚的未来。相反，如果你就此倒下，就很难有机会从头再来。只有坚韧不拔的人，才能迎来柳暗花明的时刻。

不管做什么事情，如果没有坚韧不拔的意志，就注定会一事无成。举个最简单的例子，学习同样需要坚韧不拔，需要坚持，如果总是三天打鱼两天晒网，我们就不可能学有所成，更谈不上报效祖国。而即使是做一件最简单的事情，如果能够坚持不懈，也会有所作为。这就是坚持的力量。

心灵故事

举世闻名的音乐家贝多芬，身材非常矮小。他从小家境贫寒，父亲更是嗜酒如命。他的酒鬼父亲一心一意想把他培养成音乐家，将来好挣很多的钱，为此，贝多芬每天都被父亲逼迫着练琴，没有一刻休息的时间。就是在这样长年累月、艰苦卓绝的练习中，贝多芬的音乐素养得到了很大的提高，最终有幸拜莫扎特为师。在第一次即兴演奏音乐给莫扎特听时，贝多芬发挥非常好，他高超的音乐才华，让莫扎特惊讶不已、赞叹不已。莫扎特甚至当即下了定论，说贝多芬会让世界震惊。遗憾的是，贝多芬跟随莫扎特学习没多久，就因为母亲去世伤心过度，身患重病，险些丢了性命。

几年之后，贝多芬离开家乡，来到维也纳。然而，没过多久，他就发现自己听力减弱。对以音乐为毕生追求的贝多芬而言，这简直是个天大的噩耗，他独自守着这个秘密，痛苦不堪。后来，他所爱的姑娘因为爱慕虚荣，嫁给了他人。此时此刻，承受着失聪和失恋双重打击的贝多芬，依然为自己的音乐梦想努力着，创造了很多作品。后来，贝多芬再次被未婚妻抛弃，因为经济困窘，过着悲惨的生活。即便如此，他依然没有

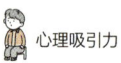

向命运屈服，而是想尽一切办法创作不止。纵观贝多芬短暂的一生，他一直都是那么坚韧不拔，那么不屈不挠。

贝多芬的命运是悲惨的，他两次被所爱的女人抛弃，又失去了对他而言最重要的听力，且终生与贫困和疾病相伴。然而，他又是幸运的。因为他拥有坚韧不拔的品质，因为他从未向命运屈服，反而扼住了命运的咽喉，创作了无数优秀的作品。对于贝多芬短暂的一生，罗曼·罗兰给予了极高的评价：没有任何胜利能与这场胜利相提并论，包括波拿巴的所有战争，包括奥斯特利茨最灿烂的阳光，都不曾达到这种至高无上的光荣，更未曾有心灵获得这样的胜利！

如果你们现在也正在经历命运的坎坷和磨难，不妨鼓起勇气，坚持下去，相信一切都会过去。

心理课堂

伟大诗人屈原曾说："路漫漫其修远兮，吾将上下而求索"。其实，不仅仅做学问如此，生活也需要这样的精神。不管遇到什么情况，我们都应该坚强地活着，竭尽所能地面对自己的困境，不遗余力地解决问题，这样才能为自己争取更多的机会，获得成功的人生！

真正的强大是内心的强大

心语交流

只有成为精神上的贵族，我们才能拥有幸福平和的人生，也只有拥有强大的内心，我们才能坦然面对人生的坎坷挫折，不抱怨不恐慌，淡定从容。有些人虽然一生之中饱受挫折，但是却从不放弃。诸如张海迪，身残志坚，还尽力地回馈社会；再如桑兰，在如花似玉的年纪高位截瘫，非但没有一蹶不振，还努力地学习，现在已经成为母亲，拥有幸福的家庭……在西方社会，海伦的事例鼓舞了无数年轻人，让他们振奋信心，勇敢地面对生活。和这些生活中的勇者相比，当我们仅仅因为一些工作上的不顺利或者生活中的不如意，就怨天尤人，一蹶不振时，的确应该感到惭愧。无论什么时候，健康的身体都是命运赐予我们最好的礼物。如果仅仅因为一点点不如意就自暴自弃，这样的人无疑是不值得怜悯的，更不值得我们去支持他、鼓励他、赞扬他。由此可见，要想吸引强大的人气，得到大多数人的拥护和爱戴，我们首先应该学会自强不息，坚韧不拔，拥有强大的内心。

心灵故事

刚刚过了一岁半，年幼的海伦就突发猩红热。这场重病险些夺去她的生命，最终，虽然她从死神的魔爪中逃了出来，却从此失去了视力和听力。对于一个一岁半的幼儿来说，这几乎是灭顶之灾。幸运的是，小小的海伦有着顽强的生命力。在家庭教师的指导下，她开始读书、学习。在几年的努力之后，她还通过触摸的方式，学会了说话。自此，海伦的人生迎来了"光明"。她学习了多国语言，还阅读了大量书籍。在二十四岁那年，她以优异的成绩从大学毕业。此后的六十多年时间里，她在世界各地举办演讲，为聋哑人的教育事业奔波。海伦

的事迹不但在美国尽人皆知，在全世界都引起了广泛反响。与此同时，海伦还走上了写作的道路，写出了许多鼓舞人心的作品，其中，《假如给我三天光明》最为著名。

从海伦身上，我们不难感受到生命的顽强力量。很多时候，我们稍有不如意就怨声载道，根本不知道拥有健康的身体是一件多么幸福的事情。如果此刻你依然感到不愉快，不满足，不妨想想海伦的一生吧。虽然她对于光明的记忆永远地停留在了一岁半，但是，她却活出了属于自己的精彩人生。如果我们人人都有海伦的精神，一定能够更加感恩生命，感恩命运，也更加珍惜身边的万事万物。

毫无疑问，这就是强大的内心拥有的力量，它能改变命运的轨迹，让我们顶风冒雨，依然活得精彩无憾。当然，强大的内心并非意味着在气势上咄咄逼人，很多时候，越是内心强大的人，反而越是谦逊、低调。就让我们从现在开始修炼自己，拥有一颗强大的内心，我们才能无往不胜！

心理课堂

很多人努力提升自己的学历，增强自己的能力，只为了在找工作时拥有更多的资本。殊不知，在职场压力越来越大的情

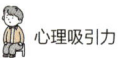

况下，强大的内心才是你奋斗于职场的最强武器。当你拥有强大的内心，不管面对什么环境，工作的压力都不能压垮你，同事之间的勾心斗角也无法让你望而却步，你用骄人的业绩说话，还愁得不到更好的工作机会吗？要想战胜一切对手，超越所有的障碍，就从修炼自己强大的内心开始吧！

淡定从容，看淡一切身外物

心语交流

淡定从容是一种平和的心境。现代社会，在熙熙攘攘的人群中，淡定从容的人越来越少，焦灼不安的人越来越多。因为外物时而欢喜，时而悲伤，甚至歇斯底里，最终伤害的只有自己。只有以平和的心态待人处事，从容应对人生接踵而至的各种突发状况，我们才能更好地坚守自己的命运，把握自己的人生。

生活中遇到坎坷挫折时，不如想想那些功成名就的伟人，他们之所以能有今天的淡定从容，就是因为他们从来不曾吝啬自己的淡定，而是怀着一颗宽容的心。正因如此，他们能始终保持心绪的宁静，从不因为任何事情或喜或悲。正应了古人那句诗，"宠辱不惊，闲看庭前花开花落；去留无意，漫随天外云卷云舒。"当你处于人生的顺境，切勿得意忘形；当你处于人生的逆境，也不要悲观绝望，一蹶不振。人生，就是翻过一个又一个坎儿，再获得一次又一次的成功，至于灾难何时发生，没有人能够预见。

古今中外，能够从容对待生活的人，大都是充满智慧的人。从某种意义上来讲，淡定从容必须要有理智的支持，才能更好地实现。智者，从来不会人云亦云，更不会惊慌失措，既然一切已经发生，唯有理智面对，才是最好的选择。无论是在春光正好的时候，还是在沮丧绝望的逆境，都不要一蹶不振。只有以平常心对待这一切，我们才能更好地面对人生，坦然从容。

心灵故事

三国时期，诸葛亮足智多谋，淡定从容，不管面对什么局面，都能够做到镇定不迫。有一次，在鲁肃的引荐下，诸葛亮面见东吴的诸多谋臣，虽然遭到了众人的刁难，他却毫不惊慌，凭借聪明才智和三寸不烂之舌，把众人反驳得哑口无言，尤其下面这段话最为精彩。

在张昭毫不留情的质疑下，诸葛亮笑着说："大鹏展翅翱翔，那些小小的麻雀根本不能理解它的伟大志向。它的志向难道是那些小燕雀能知道的吗？比如一个人得了多年的痼疾，医生总是让他们先吃粥，将粥和药一起服下。等他身子调和好了，再吃肉类的食物和强效的药，从而彻底痊愈。假如一开始就下猛药，吃厚腻的食物，那么他就很难痊愈了。我主刘备，以前曾经遭受袭击，兵力损失严重，只剩下几员大将，也像是人病入膏肓。他只能暂时寄身偏僻的新野，却依然能够大败曹军，威风不减。战场上，有胜有败，是兵家常事。要想让天下太平，就必须多多谋划，仅靠虚张声势、巧舌如簧，是没有用的。这样的人，才会被天下耻笑！"诸葛亮的一番话，说得张昭哑口无言。

虽然遭到众人的围攻和质疑，但是诸葛亮丝毫没有因此而焦躁、急迫。相反，他有条不紊，条分缕析，不但有理论，也有事实的论证，最终说得张昭无言以对。虽然我们不是诸葛亮，但是，人生也如战场般变幻莫测。唯有以一颗淡定从容的心面对一切，才能拥有云淡风轻的人生。

心理课堂

淡定从容，是一种人生态度；云淡风轻，是一种生活状态。只有充满智慧的人，才能在生活的常态下，保持这样一种静的状态，从而帮助自己拥有平和的心态。尤其是在现代社会，灯红酒绿，人们总是要面对形形色色的诱惑。唯有淡定从容，才能最终赢得圆满的人生。

谦逊，比自夸更能吸引人

心语交流

古往今来，大凡真正有才华、有能力的人，都会选择以谦逊的态度面对这个世界。的确，每个人从呱呱坠地开始，便必须面对纷扰复杂的外界和跌宕起伏的命运。很多时候，我们原本以为岁月静好，却总会有突发的状况不期而至，导致我们手足无措，不知如何面对。在这种情况下，如果你遇到的是惊喜，那么必定会一蹦三尺高，欣喜若狂。反之，如果你遇到的是惊吓，又当如何呢？当然，除了从容淡定和惊慌失措之外，谦逊和骄傲，同样也是两种截然不同的生活态度。

现代社会瞬息万变，形势复杂，作为其中的一员，我们总是需要面对各种各样的状况。那么，你的态度是怎样的？是骄傲、不屑一顾，还是低调谦逊、平和冷静？毫无疑问，不管从人际关系的角度、还是从解决问题的角度出发，我们都应该选择后者。只有内心强大的人，才能始终从容淡定，毫不惊慌。所谓谦逊，顾名思义，是一种谦虚的态度，是一种礼让的选择。在人际关系中，谦逊扮演着不可替代的角色，起到润滑人际关系的重要作用。要想从气势上压倒一个人，我们也许可以采取骄傲的方式。但是要想真正从心理上征服一个人，我们还是应该以谦逊为力量，让对方心服口服。

心灵故事

刘备和张飞、关羽一起，带着厚礼，出发去隆中，想拜见诸葛亮。然而，他们只见到了书童，诸葛亮并不在家。书童也不知道主人什么时候才能回家，因此刘备一行悻悻而归。没过几天，刘备一行再次顶风冒雪来到隆中。这次，他们看到一个年轻人正在伏案读书，非常兴奋。遗憾的是，这个年轻人是诸葛亮的弟弟，诸葛亮会见朋友去了。刘备失望极了，只好亲自提笔修书一封。在信中，他表达了对诸葛亮的仰慕之情，并且说明了自己非常希望能够在诸葛亮的辅佐下，得到天下。

很快，新年就要到了。在新年前夕，刘备挑选了个黄道吉日，再次来到隆中拜访诸葛亮。这次，诸葛亮正在午睡，刘备便让张飞、关羽在台阶下等候，自己则站在门口，毕恭毕敬、安安静静地等诸葛亮醒来。过了很久，诸葛亮才睡醒，刘备马上上前拜见，并且谦虚地请教。诸葛亮被刘备的谦逊感动了，说:"曹操在北,占据天时;孙权在南,占据地利;将军唯有人和可占据,从而占领西川,成就大业,与曹操、孙权三分天下。"诸葛亮的分析入木三分,刘备佩服不已,当即请求诸葛亮出山,助他一臂之力。诸葛亮欣然应允。

在刘备三顾茅庐求见诸葛亮时,诸葛亮非常年轻,只有27岁。对于这样一个锋芒未露的年轻人,刘备只因仰慕其才华,便几次三番登门求见,由此可见,刘备的态度是多么谦逊真诚。这种虚怀若谷的态度,让人钦佩。

富兰克林曾说,骄傲是人类最难抑制的感情。人们为了战胜骄傲,不停地与其斗争,但骄傲的情绪渗透在我们的生活中,让人难以防范。正因如此,我们才更要端正心态,戒除骄傲，用谦逊和真诚奠定人生的基调。

心理课堂

谦逊的人很善于克制自己，也从不自满。他们能够掌控自己的欲望，让自己拥有更好的心态。谦逊适用于各种各样的关系中，例如朋友之间、同学之间、同事之间……假如我们能把谦逊的态度融入自己的生活，我们的人际关系一定会更加和谐融洽，我们的生活和事业也会更加平顺！

热忱，是对他人的最高礼遇

心语交流

热忱是生活的灵魂，甚至是生活本身。要想更好地拥抱和享受生活，我们首先应该拥有一颗热忱的心，进而使其贯穿我们的生活。人生，总是喜乐参半，百味俱全。实际上，幸福和希望始终存在于人生之中，关键在于我们能否时时刻刻都看见它们。

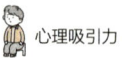

拥有热忱的灵魂，并不仅仅是一句口号。当你意识到你应该热忱地对待生活时，你就应该马上调整自己的心态，让点点滴滴的热忱都落到实处。当你被不良情绪包围时，你应该鼓励自己，让自己更加积极乐观，使情绪始终饱满向上。即便你真的非常沮丧，你也要在脸上挂着微笑，渐渐地，你会发现在微笑的掩饰下，你的心情居然真的会好起来。

　　兴趣是人类最好的老师。当你从事自己感兴趣的工作，你一定会事半功倍，表现优异。这并非是兴趣帮助你更好地完成了工作，而是因为你对兴趣的热忱辐射到工作上，使你在工作上也有了出色的表现。一个人有能力，仅仅可以合格地完成工作，只有当能力结合热忱，才会使其在工作上出类拔萃。这就是热忱的魔力。

　　很多人会担心，热忱是否会有用尽的时候，其实，这种担心完全是多余的。热忱是一种资产，能够不断地在分享之中增加，在投入之中变得更加饱满。明智的人知道，生命对我们最慷慨的馈赠，不是物质的得到，而是热忱投入之后精神上得到的极大满足，这也是我们一生之中最重要的感受之一。从能力的角度来说，热忱是一种非常重要的能力，其中蕴含着巨大的能量。热忱还能感染我们身边的人，让他们也变得精力充沛、精神抖擞，一往无前地朝着人生目标奋进。只有发挥热忱的力量，你的人格魅力才会大大提升！

心灵故事

　　结婚三年之后，玛丽带着她两岁的儿子离婚了。虽然她遭到了丈夫的背叛，但是她从不抱怨。在利用年假办理好离婚的相关事情之后，她又回到了生活的正轨，每天正常上班下班，跳舞健身，还报名了油画班。每到周末，她就回父母家接上孩子，一起去公园、景点游玩。总而言之，她的生活似乎比结婚时更加悠闲从容。

　　没过多久，她在油画班认识了一位中年男士。这位男士仪表堂堂、谈吐不俗。随着交往的深入，玛丽对这位男士的印象越来越好，不过，家人都纷纷表示反对，因为他们觉得这样优秀的男士很可能只是和玛丽逢场作戏。然而，半年以后，这位男士正式向玛丽求婚，并且在征得玛丽同意后，很快就举办了一场盛大的婚礼。

　　在婚后的某一天，玛丽的姐夫和这位现任妹夫聊天，问："你究竟喜欢玛丽什么？以你的条件，你完全可以有更好的选择啊？"玛丽的老公笑着回答："我喜欢她的真诚和热情。我当然知道她的经历，正因为如此，她的真诚和热情才显得更加

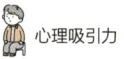

可贵。尤其是她眼底对生活的热忱,让我倍加珍惜她。我相信,她一定会带给我幸福。"

玛丽从未因为离婚而抱怨,而是始终对生活满怀希望。就连美好的爱情,都对热忱的女子青睐有加。既然如此,我们还有什么理由抱怨呢?从现在开始积极地拥抱生活吧,关注生活中美好的事情吧!当你眼底也流淌出真诚和热情,也怀着赤子一般的热忱时,生活自然会厚待你。

心理课堂

没有谁的人生是一帆风顺的,即便是一双新鞋子,也要与脚磨合几天才会舒适。这种情况下,与其抱怨,不如想办法让鞋子早日变得柔软舒适。生活也是如此，与其抱怨命运不公，不如从此刻开始拥抱命运，坦然接受命运的安排，也更好地享受属于自己的人生。

当你因为热忱变得像阳光一般温暖，你一定会吸引更多盛开的鲜花围绕在身边。

第 05 章

自信带来的吸引力，助你成就最好的自己

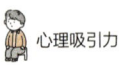

成功，就是好习惯的不断积累

心语交流

教育的目的是什么？在孩子幼年时，教育的目的不是为了灌输知识，而是为了帮助孩子养成良好的习惯。家庭是孩子的第一课堂，只有养成好习惯，才能拥有一生的好运气。

父母是孩子的第一任老师，良好的家庭氛围，将会对孩子一生的成长产生重要的影响。正如一位名人所说，习惯决定命运，因此，我们在成长的过程中，应该有意识地培养自己的好习惯。例如自信、积极乐观、坚韧不拔，这些都是通往成功路上的好习惯。一个拥有好习惯的人，不管做什么事都能遵循一定的法则，所以总是充满信心，也因此形成了强大的磁场，形成了超强的吸引力。从这个角度来说，好习惯能够决定人一生的命运。

心灵故事

很久以前,有位父亲特别喜欢喝酒。他每天工作之前,都会去酒馆里喝上一杯酒,这已经成为他不能改变的习惯。

一个冬日的早晨,刮着猛烈的风,鹅毛大雪铺天盖地。不过,这丝毫不影响这位父亲喝酒的兴致。他和往常一样向酒馆走去,然而,走了没多远,他就感觉到身后似乎有人跟着。当他转过身时,发现9岁的儿子正踩着他留在雪地上的脚印,跟在他的身后。看到爸爸发现自己了,儿子兴奋地喊道:"爸

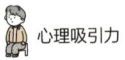

> 爸，看，我正踩着你的脚印呢！"孩子的话如晴天霹雳，让他受到了极大的震动。他想："天啊，我居然把儿子带到了酒馆。我可不能让儿子的一生和我一样，每天都有一个醉醺醺的开始。"想到这里，父亲改变路线，径直走到工厂。在工厂门口，他语重心长地对儿子说："宝贝，你看爸爸，每天都会辛苦努力地工作。你长大之后，也要勤奋工作啊！"儿子点点头。从此之后，他彻底戒掉了早晨喝酒的坏习惯，因为他不能把这个坏习惯传承给儿子。

幸好父亲发现了儿子跟在他的身后，不然，儿子也会认为在工作之前必须去酒馆喝杯酒。纵观历史长河，所有成功的人都有着良好的习惯，而且这些习惯大多是他们从父母那里得到的最宝贵的精神财富。那么，父母应该如何培养孩子的好习惯呢？对此，叶圣陶老先生曾经说："用最简单的一句话来阐述，教育就是要养成好习惯。"这是教育的第一要义，也是我们培养孩子的第一要义，更是我们应该一生遵循的准则。

如果我们养成坏习惯，就会循着惯性的作用，与生命中最宝贵的机会失之交臂，所以，好习惯是多么重要啊！如果我们能够一鼓作气，养成良好的习惯，那么我们就能在人生的道路上走得更稳健，也更容易获得成功。

心理课堂

拿破仑·希尔说："播种行为，你会收获习惯；播种习惯，你会收获性格；播种性格，你会收获命运。"由此可见，我们要想拥有成功的人生，活出属于自己的精彩，就必须以坚强的毅力，养成让我们受益一生的好习惯。

没有人可以贬低你，除了你自己

心语交流

人生，是一趟没有归程的旅途。看重自己，活得精彩，比什么都重要。有些人能够保持积极的心态，认为自己是这个世界上独一无二的存在，不管是美也好，丑也罢，自己都是最独特的。他们相信自己只要努力，别人能做到的，自己当然也能做到，只要坚持，别人不能做到的，自己也能做到。这样一来，他们的人生怎么可能不精彩呢？

看重自己，比什么都重要。只有看重自己的人，才不会自暴自弃，才会在苦难和挫折面前永不言弃。不管我们在别人眼

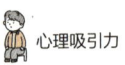

里什么样，在我们自己心里，我们就是无可替代的那一个。不管别人如何不在意我们的成功，每当有了小小的进步，每当取得了阶段性的成功，我们都要更加认可自己。毕竟，一点一滴的进步，都是我们付出了汗水和泪水才换来的。这就是看重自己，我们要有自己的世界，有属于自己的信心。

心灵故事

　　著名演说家准备演讲。他大步走上演讲台，没说任何话，而是先拿出了一张百元钞票。他问："我想把这张百元钞票送给一位朋友，谁想要？"他的话音刚刚落下，会场里就举起了很多手。他笑了笑，继续说："我没有改变主意，还是想把这张百元大钞送给一位朋友。不过，在送出去之前，我想做件事情。"说完，他使劲地揉了揉钞票，问："谁还想要？"还是有很多人举手。只见他把钞票扔在地上，还踩了一脚，又问："那么，还有人想要吗？"依然有人举手。此时，他又用脚使劲地碾压这张钞票，然后将其捡起来展开。原本簇新的钞票变得皱皱巴巴，还很肮脏。不等演说家问，就有人喊道："没人要，我要！"

　　演说家笑了，他这才正式开始演说："在座的朋友们，不管我怎样对待这张钞票，也不管它变得多脏多皱，你们之中依然有人想要，这是为什么呢？因为它的价值从未改变。人生也是如此，每个人一生之中都会遇到坎坷和挫折，只要我们内心始终坚强，从不放弃，我们人生的价值也会像这张钞票一样，毫不贬值。相反，如果我们因此一蹶不振，自暴自弃，那么我们就会失去人生的价值。不难得出一个结论，人生的价值是由我们自己决定的。那么，你选择让自己成为无价之宝，还是成为一块没人看的破抹布呢？我想，答案在你们心里。"

　　这个演说家告诉我们一个道理：我们必须看重自己，才不会贬值。人们常说，人生不如意十之八九，这句话的意思是说，人生总是会碰到逆境，甚至摔得鼻青脸肿，头破血流。要想人生不贬值，我们唯一能做的就是站起来，继续奋斗。如果我们就此跌倒在地，那么我们的一生也会一蹶不振，也再无任何价值可言。

哭泣时，不如擦干泪水，试着欢笑；沮丧时，不如唱起欢快的歌儿；悲伤时，不如听听音乐，去郊外享受阳光；绝望时，不如想象曾经的得意和少年的张狂，也许人生会再次扬起风帆。无论怎样，都不要看轻自己，因为你只有看重自己，别人才会看重你。

心理课堂

人，最重要的就是自信。自信，就像是人的脊梁。如果人没有脊梁，肯定无法站立。也许你现在有很多方面比不上别人，但是只要你充满自信，始终自重自爱，努力奋斗，谁能说你不会在未来的某一天超过别人，成为别人羡慕的对象呢！

人要想活得精彩，最重要的就是要有精气神。从现在开始，把自己看得更重一些吧。只有看重自己，你才能努力实现自己的价值，给自己定立更高远的目标，从而实现自己的伟大志向！

相信自己，并大胆迈出第一步

心语交流

生活中，有些人总是被那些小小的挫折和磨难打垮，根本不知道如何应对。与他们恰恰相反，有些人则是越挫越勇，当面对更大的困难时，他们反而斗志昂扬，永不服输。这是为什么呢？也许有人会说，前者心理脆弱，不堪一击，后者心理坚强，就像打不死的"小强"。面对失败，那些相信自己，勇于自我肯定的人，更容易总结经验，再接再厉。

每次遭受失败，人们都会反思自己，有些人反思的结果是怀疑自己，不再相信自己；有些人反思的结果是努力改进自己，鼓起勇气，继续拼搏和奋斗。不同的反思结果无疑会影响人们之后的行为，我们不能只盯着自己的缺点，要做到客观公正地评价自己，避免陷入沮丧绝望的情绪。对此，心理学家提出，要想重新塑造自我，扬起自信，我们更应该关注自己的优秀品质，它们是我们存在于世的脊梁和支撑。很多时候，我们必须进行自我肯定，这么做不仅能保护我们的自尊，还能保护我们的自信心。只有相信自己，我们才能鼓起勇气，迈出至关

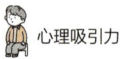

重要的一步，敢于重新开始，才能有所希望。

如果一个人很善于进行自我肯定，那么他在受到威胁或者遇到困难时，就会承受相对较小的压力，也能够进行积极的自我防御和自我提升。自我肯定能帮助我们更加轻松地面对威胁，接受不好的反馈。正因为如此，它也能帮助我们更多地关注错误，让我们从情感上更加自然地接受这些错误，这样一来，我们才不会陷入自我否定的怪圈。

心灵故事

莉莉是个非常内向的女孩，在工作中，她的表现一直很一般。眼看着进入公司已经四年了，那些比她晚进公司的员工，不少人已经升职加薪，莉莉难免着急起来。她也希望自己在工作上的表现能够得到公司的认可，也希望给自己争取更大的舞台。萌生出这个想法之后，莉莉决定改变往日的状态，主动出击。

在一次公司会议上，老总提出需要派一个经验丰富的工作人员，去分公司担任经理的职务。当即，莉莉就写了一封自荐信，发到了总经理的邮箱里。莉莉在推荐信里写道："我相信，我一定能行！"也许是这封充满自信的推荐信让总经理重新认识了默默无闻的莉莉，经过一番考量，总经理决定派莉莉去分公司任职。果不其然，破釜沉舟的莉莉一鼓作气，到分公司一年的时间里，就把分公司管理得井井有条。等到莉莉回总公司述职时，总经理简直不敢相信眼前这个精明干练的女子就是曾经默默无闻的莉莉。

莉莉成功了，因为她找到了自信，也证明了自己。每个人都有很大的潜力，很多时候，我们并非因为外在条件不满足而失去良机，而是因为缺乏自信才与机会失之交臂。为了迎接美

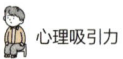

好的未来，也为了发掘自己的潜力，我们必须变得自信。只有相信自己，我们才能勇敢地迈出人生的第一步，不管成功还是失败，这第一步都与我们的命运息息相关。

心理课堂

不管什么时候，相信自己都是完全有必要的，如果你自己都不相信自己，还能奢望得到别人的信任吗？我们每个人都是独一无二的存在，只有相信自己，证明自己，我们才能更好地面对人生，面对未来。

积极的自我暗示，告诉自己一定能成功

心语交流

每个人在决定做某件事情之前，心里一定是忐忑的，他们不确定自己将会成功还是失败，因而总是摇摆不定。实际上，这样的状态才是最糟糕的。一个人对自己的质疑，会把他推进失败的泥沼，失败的原因不是他不够优秀，而是因为他不够自

信，不够坚定。在做某件事情之前，我们必须拥有必胜的信念，告诉自己：我一定能成功。

心灵故事

世界著名的交响乐指挥家小泽征尔，就是一个始终非常自信的人，他相信自己能够获得成功，并且为此不懈地努力。有一次，小泽征尔报名参加优秀指挥家大赛，这是一场世界级的赛事，对他的人生将起到重要的影响。只见他从容镇静地走上舞台，开始指挥演奏。他的乐谱是评委会提供的，按道理来说应该毫无瑕疵，然而，就在演奏进行到一半时，小泽征尔突然敏锐地听到刺耳的音节。这绝对不是和谐的音符，起初，他以为是乐队演奏出错，后来进行重新演奏之后，他意识到肯定是乐谱错了。乐谱是评委会提供的，小泽征尔想要质疑评委会，需要承受巨大的心理压力，尽管如此，他还是把问题向评委会提了出来。这时，评委会的成员们——他们全都是权威人士——异口同声地说是小泽征尔错了。小泽征尔沉思了一会儿，毫不迟疑地说："不，我没有错，一定是乐谱错了！"他的话刚刚说完，评委们就全都站立起来，为他鼓掌。原来，这是评委会故意设置的错误，只有小泽征尔一个人，不畏惧权

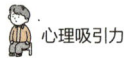

威，坚持自己的想法，指出了乐谱的错误。

在面对评委会的诸多权威时，小泽征尔相信自己。他进行了重新演奏，最终确定就是乐谱出现错误。在评委会的成员们异口同声指责他时，他依然坚持自己的看法，坚持正确的判断。正是因为他相信自己一定能够成功，他最终才能在大赛中夺得冠军。

在生活中，我们也常常需要挑战自己，验证自己的判断。真正能够获得成功的人，一定都坚定不移地相信自己能获得成功，并为此不懈地努力。

从本质上来说，相信自己一定能够成功，其实是一种信念，正是因为这种信念的支撑，我们才能更好地面对未来，面对未知的前途。无论如何，我们必须真正展开行动，否则，前怕狼后怕虎，不管成功还是失败，都将与我们无缘。所以，相信自己，相信自己一定能够成功，你才有可能真正获得成功！

心理课堂

如果我们在还没有努力尝试的情况下，就告诉自己什么也不可能实现，那么我们怎么可能还有动力去做呢？吸引力法则的魅力在于，只要我们形成强烈的意念，我们就会打造强力的磁场，让我们想要得到的一切都被吸引过来。既然如此，我们就要坚信自己能够获得成功，这样，我们才有可能通过努力真正成功！

你的成就，终将超出你的想象

心语交流

要想发掘自己最大的潜力，创造生命的奇迹，我们首先要做的就是进行天马行空地想象。人心可以比天空更高远，比海洋更辽阔，也可能比针尖更小，比世界上最小的房间更逼仄。心，决定了我们的人生能否高远和开阔，也决定了我们的人生

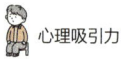

是否精彩和尽兴。

如果你曾经不敢想，不敢任由思绪像脱缰的野马一样自由驰骋，那么从现在开始，你就竭尽所能地去畅想吧。只要你敢想敢干，终有一天你会发现，你真的改变了，你不再畏畏缩缩，软弱怯懦，而是变得精神抖擞，志得意满，你还有什么不能实现的呢？你的精气神，让你拥有了强大的磁场，让你拥有了强大的吸引力，最终，你不仅能够实现自己的梦想，甚至还会超出想象，变得比想象中更强大更成功。

心灵故事

十年前，他还只是一名普通的工人。他所在的工厂效益特别差，经常拖欠工资。他和妻子带着八岁的孩子一起住在厂子的一间宿舍里，家里唯一的电器是一台黑白电视机。没过多久，厂子坚持不下去了，决定裁员。领导遗憾地告诉他，他的确在被裁员的名单内，他哀求领导不要裁掉他，甚至跪下来恳求领导，但是，领导真的没办法留下他。

他失魂落魄地离开领导家，觉得天都塌了。他很绝望，很担心妻子和女儿以后甚至可能连饭都吃不上了，他不敢想象以后的生活，每天除了喝酒，就是蒙头大睡。终于有一天，女儿生气地对他喊道："那么多人没有工作，也能养活自己，你难道准备永远这么醉醺醺的吗？"看着女儿稚嫩的脸庞，他茅塞顿开，难道连孩子都能想明白的道理，他却想不明白吗？他开始四处寻找出路，听说广州那边最缺熟练的技工，他和妻子背起行囊，带着女儿来到了遥远的广州。

十年奋斗之后，他再也不是一无是处的下岗工人了，他有属于自己的工厂，住着舒适的别墅，开着进口的高级轿车，他

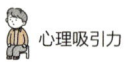

的资产以数十亿计。每当回想起往事,他都不禁感慨:如果不是当初工厂裁员,逼得他走投无路,只能拖家带口地来到广州,又哪会有他的今天呢?

人的潜力是巨大的,但是,很多时候人都习惯安于现状,这也极大地限制了人的发展。就像事例中的主人公一样,如果工厂继续发给他每个月几百元的工资,那么他一辈子都会过着默默无闻的生活。是生活的磨难,逼迫他不得不做出改变,寻求新的出路。最终,他才能成为人人羡慕的成功人士。

心理课堂

在我们抱怨生活一成不变的背后,罪魁祸首和人生最大的敌人就是自己。每个人都有惰性,也很难主动地去改变生活,虽然人人都渴望生活幸福美满,但是大部分人都不愿意改变现状,不愿意去冒险尝试,导致故步自封,一辈子被困在既有思维中。

要想获得成功,我们必须有勇气改变现状。一旦迈出了第一步,你就会欣喜地发现,很多事情并不像我们想象中那么艰难。一切,都从开始那一刻,变得简单,变得顺理成章。

常常反躬自省，不断完善自我

心语交流

一日三省，既能够帮助我们更加客观地审视自己，也能够帮助我们及时发现缺点，完善自身。从心理学的角度来说，反省自己，不仅能够帮助我们更好地消化所学的知识，还能帮助我们趋于完美，只有反省，我们才能跳脱出来，以旁观者的角度审视自己。很多事情在发生的时候，因为没有充足的时间思考，所以当事者往往非常仓促匆忙，反省，则给了我们充足的时间，让我们在事情过去之后的不久，更加理智地认识自身。

反省和检讨不同，检讨是针对错误进行的，反省不但针对错误的言行，也针对正确的言行，所谓有则改之，无则加勉，就是对反省最好的诠释。习惯于反省的人，每天都能发现自己的进步之处和不足之处，因而能够做到扬长避短，及时改进。当看到自己进步很大，千万不要得意忘形，应该再接再厉；当看到自己有了失误，也不必沮丧，应及时改正。反省的人，能够怀着一颗冷静理智的心，坦然面对世事和得失。

心灵故事

曾经有个年轻人非常乐于助人,每当朋友或者身边的人有了困难,他总是第一个帮助他们。有一次,这个年轻人自己也遇到了困难,他走投无路,突然想起自己曾经帮助过很多人,于是,他挨个登门拜访,希望他们也能够伸出援手。然而,这

些朋友全都对他避而不见，即使听他诉说了困难，也表示爱莫能助。年轻人非常生气，愤懑于心，为了排遣心中的苦闷，他决定去找一位智者，向他诉说苦恼。

听完年轻人的诉说，智者说："你乐于助人，当然是积德行善的好事。但是，现在好事已经变成坏事了。"年轻人很困惑，问："为什么我帮助了别人，还是坏事呢？"智者说："首先，你帮助的人都是缺乏感恩之心的人，所以他们才会对你的困境视而不见。其次，你帮助别人是舍，不应该再去求回报，只有以平常心帮助他人，你才是真正的积德行善，奢求回报的帮助，不是真心无私的帮助。"听了智者的话，年轻人豁然开朗，不再郁闷。

不管是平常的日子，还是遇到想不开的事情的时候，我们都应该学会反省自身。俗话说，金无足赤，人无完人，每个人都会存在一定的瑕疵。我们必须反思自身，才能更快地进步，成为自己所期望的样子。

心理课堂

反省自己，站在客观的角度反思心灵，是一种高尚的品质，更是人生的必修课。面对赤裸的灵魂，我们是选择让自己

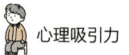

变得更加清净澄澈，还是选择蒙蔽自己的眼睛和心灵，继续任由自己放纵下去，只有反省会告诉我们答案。

智慧通达，是每个智者都想实现的人生目标。然而，智慧很容易做到，通达却很难。真正的达观者，不但能坦然正视和认可自己的优点，而且能以更加理性的态度面对自己的缺点和不足，及时改进，让自己趋于完美。

第 06 章

专心致志做一件事,成功也会被你吸引而来

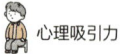

专注，是成功的前提

心语交流

凸透镜把阳光聚集在一个点，能够产生很大的能量，做人做事也是同样的道理。我们不管是在生活中，还是在工作中，都应该培养自己专注的能力。不管做什么事情，唯有专注，才能帮助我们更好地集中精神和精力，全力以赴。

很多时候，不是我们不够努力，也不是我们没有好点子，仅仅是因为我们不够坚持。任何事情，浅尝辄止都是行不通的，唯有专注，才能成功。

对于专注，我国古代伟大的思想家荀子曾做出论述："锲而舍之，朽木不折；锲而不舍，金石可镂。"这句话的意思是说，用刀刻东西，如果半途而废，即使是腐朽的木头，也无法顺利刻断；只要持之以恒，坚持不懈地刻下去，即使是坚硬的金石，也能雕刻成功。从荀子的话里，我们不难看出专注的重要性。

心灵故事

　　黛比最初的想法很简单,她只是想通过做些事情获得经济来源,贴补家用。不过,她既没有雄厚的资金,也没有过人的本领,因此,她思来想去,决定做自己最擅长的现烤软饼干。

　　为了寻求支持,黛比征询家人的意见,因为他们经常吃黛比烤制的软饼干,而且一致认为味道很不错。黛比想:他们一定会支持我的!遗憾的是,妈妈虽然理解黛比的苦心,却并不支持她的选择。妈妈说:"亲爱的,我不想让你每天都站在烤炉旁,况且,这么辛苦也未必能赚到钱。"婆婆也马上以高八度的声音说:"得了吧,你从来就没有做过生意。万一你赔钱了,还怎么生活呢!"家人也不支持黛比,这让黛比很苦恼。黛比只得向邻居、朋友征询意见,不想,他们无一例外地都表示反对,包括她的好朋友温蒂·马克斯在内,都对她的想法予以全盘否决。

　　尽管没有得到任何人的支持,黛比依然坚定不移地开了一家现烤软饼干的店。在这家店开业当天,果然如大家预测的那样,根本没有顾客光顾。原来,大多数人都选择在家里自己制作现烤软饼干。为了让大家品尝到现烤软饼干的风味,黛比选择送饼干给路过的人免费试吃,当然,她还会就制作心得与顾客展开交流。渐渐地,黛比现烤软饼干店的生意越来越好,老顾客也越来越多了。黛比又开了第二家店、第三家店……如今,黛比的现烤软饼干店在全世界都有连锁店,而且生意都很火爆。

如果没有专注和坚持,黛比就不会有现在的成就。这就是黛比,她很自信,很执着,也很专注,她想好了自己要做的事情,就一心一意地去做。事实上,很多成功者都向我们展示了专注的力量,也告诉我们要想获得成功,就必须非常专注。

朋友们,你们是否也遭遇到很多困难和挫折呢?面对亲人的不理解和朋友的反对,你们做到坚定不移地相信自己,并且努力尝试了吗?很多时候,我们之所以与成功失之交臂,就是因为不够专注。从现在开始,让我们专注地对待自己的人生吧!

心理课堂

专注力，是我们获得成功的必要条件。如果缺乏专注力，我们就会像小猫钓鱼一样，三心二意，跑来跑去，最终一无所获。只有专注、努力、认真、坚持，我们才能距离成功越来越近。

专注力高的人，抗打击和挫折的能力也更强。因为他们把所有的精神和精力都集中在一处，所以更加全神贯注，更加抱着必胜的信念。这些能力，在通往成功的路上，都是相辅相成的。

做好计划，让人生更加从容镇定

心语交流

计划对于我们每天和每年的生活以及工作的安排，都是非常重要的。计划是先行者，只有先做好计划，我们在具体实施时，才更加有目的性，有针对性，也才能更加从容镇定。很多人做事情不善于提前规划，总是走一步看一步，一旦遇到突发情况，马上就会措手不及，根本不知道如何应对。

要知道，人生的旅程中，任何一点收获都需要我们付出相

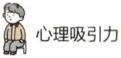

应的努力，也要求我们不遗余力地争取。我们学过统筹方法，知道专注的重要性，那么结合人生的实际情况，按照劳逸结合的原则安排好人生的进度，这才是最重要的。

真正的强者会把命运掌握在自己的手中，当你能够完全掌控自己的人生，你才成为真正的人生赢家。弗洛伊德曾说，"人生就像弈棋，一步走错，全盘皆输。"由此可见，规划对于我们的人生是多么重要，它能够最大限度地保证我们少走弯路，帮助我们认清自己对于人生的追求。只有这样，我们才不会在人生的航程中迷失方向，才能更快地走向成功。

心灵故事

山田本一是一名马拉松运动员。1984年，在东京国际马拉松邀请赛中，名不见经传的山田本一出人意料地夺得了世界冠军。当记者问他凭什么取得了这样的成绩，他说了一句话：凭智慧战胜对手。当时，许多人都认为这个偶然跑到前面的矮个子选手是在故弄玄虚。

两年后，意大利国际马拉松邀请赛在意大利北部城市米兰举行，山田本一代表日本参加比赛。这一次，他又获得了世界冠军。两次夺冠当然并非偶然！记者再次采访山田本一，请他谈谈经验。山田本一给记者的回答还是那句话：凭智慧战胜对手。这次人们不再挖苦他故弄玄虚，但对他口中的"智慧"迷惑不解。

十年后，这个谜团终于被解开了，山田本一在他的自传中这么说："每次比赛之前，我都要乘车把比赛的线路仔细看一遍，并把沿途比较醒目的标志画下来，比如第一个标志是银行，第二个标志是一棵大树，第三个标志是一座红房子……这样一直画到赛程的终点。比赛开始后，我就以百米冲刺的速度奋力向第一个目标冲去，等到达第一个目标，我又以同样的速度向第二个目标冲去。四十几公里的赛程，就被我分解成这么几个小目标轻松地跑完了。起初，我并不懂这样的道理，常常把我的目标定在四十多公里以外终点的那面旗帜上，结果我跑到十几公里时就疲惫不堪了。我被前面那段遥远的路程给吓倒了。"

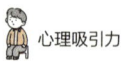

也许有人觉得人生充斥着太多的不确定性和未知数。然而，就像跑马拉松一样，如果我们把人生看得遥遥无期，那么我们就很难有足够的体能坚持到底。相反，只要把全程分割成一个又一个小小的目标，逐个实现目标，我们就能鼓起勇气，胜利到达终点。计划就有这样的作用。

计划分为长期计划和短期计划。长期计划往往是需要长时间才能完成和实现的。短期计划，顾名思义，是在短时间内就能完成的。聪明的朋友会先设立一个长期计划，然后把这个长期计划分解成很多个短期计划，逐个实现，这样一来，人生就会变得更加可期。

心理课堂

无论是谁，对人生都应该有计划，没有计划的人生，只能像无头苍蝇一样四处乱撞，最终也无法实现目标。既然空虚是一天，充实也是一天，我们为什么不尽早规划，充实地度过人生的每一天呢？制订计划，不但能够帮助我们明确长期目标和短期目标，也能帮助我们捋顺思路，让我们更加清晰地度过生命中的每一天！

找准目标，才有奋斗的方向

心语交流

每个人都渴望成功，然而，在通往成功的道路上，注定要遭遇坎坷和挫折。那些凤毛麟角的成功者，全都有着明确的奋斗目标。也许有人会说，在通往成功的道路上，最重要的是努力，而不是制定所谓的高远目标。其实，这种说法是片面的，这么说的人，一定不知道明确的目标对人的激励作用。心理学家曾通过研究证明，明确的目标让人们更加坚定不移，在面对困难时能够迎难而上，不会轻易放弃。这样一来，就不难理解为什么大多数成功者都是目标明确的人了！一个人如果没有目标，就无法坚持跋涉过艰难的处境，最终来到成功的顶峰。既然明白了这个道理，我们就应该为自己制定明确的目标，并且以此激励自己不懈努力。

心灵故事

1952年7月4日清晨，一个34岁的女子在加利福尼亚海岸以

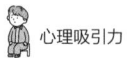

西21英里的卡塔琳娜岛上走进太平洋。她准备游到加州海岸，以此挑战自己，让自己作为世界上第一个游过这个海峡的女子记入史册。她叫费罗伦丝·查德威克。在这次挑战之前，她曾经顺利地游过英吉利海峡，创造了世界纪录。

然而，这天的天气极差，浓雾弥漫。浓雾使她的视线受到局限，海水也变得冰冷刺骨，能见度特别低，她甚至无法看到护送她的船只。其实，在注视着她的不仅仅是护送船上的人们，还有无数守候在电视机前的观众朋友。有几次，鲨鱼想来骚扰她，但是护送人员开枪吓跑了鲨鱼。

> 她就这样在浓雾中不知疲倦地游着，根本看不到海岸。她游了整整十五个钟头，浑身都被海水浸泡得麻木了。她决定放弃，让护送船上的人们拉她上船。这时，另外一条船上的她的母亲和教练都在鼓励她，因为海岸已经近在咫尺，然而，她只能看到浓雾，坚持要上船。在她进入冰冷刺骨的海水里将近16个小时后，她上船了。等她恢复体温，才感觉到失败的沮丧，她毫不犹豫地告诉记者："假如不是浓雾遮挡了我的视线，我想，如果能够看到陆地，我一定能坚持下来。"原来，就在她要求上岸的地方，距离陆地仅仅只有半英里。
>
> 两个月后，在一个晴朗的天气里，她再次挑战，并且顺利游过了海峡。

其实，对于查德威克而言，真正让她失败的，不是浓雾，也不是疲劳，更不是寒冷，而是因为她看不到目标。在又一次尝试时，她看到了陆地，目标明确，浑身都充满了力量。作为第一个游过卡塔琳纳海峡的女性，她所用的时间比男性还缩短了将近两个小时。这就是目标的力量。

没有人喜欢在浓雾中前行，因为这会让我们不知道自己置身何处。只有在清晰的视野环境中，我们才能随时观察周围的情况，才能准确获悉自己距离目标还有多远。要知道，目标存在本身，对于我们而言就是一种激励。

心理课堂

只有目标明确的人，才能拥有坚定不移的信念和顽强不屈的毅力。很多时候，人们之所以放弃，并非能力所限，而是因为看不到未来和希望。目标能够帮助我们把目光看得更长远，让我们向着目标不懈努力，永不放弃！

信念，是强大的内驱力

心语交流

毫无疑问，在追求成功的路上，每个人都会经历很多坎坷和挫折。如果我们能够勇往直前，战胜困难，最终获得成功，这些坎坷和挫折将会成为我们成功的见证，成为我们炫耀自己历经艰险才获得成功的资本。然而，如果我们在挫折和坎坷中一蹶不振呢？那么，它们就会成为我们成功路上永远的绊脚石，不但让我们一生与成功失之交臂，而且会让我们不敢再次尝试。为什么有些人能够战胜困难，有些人却总是轻易放弃呢？这主要取决于成功的驱动力。

心灵故事

东晋时期的车胤，家里特别穷困，连买煤油灯的钱都没有。然而，车胤人穷志不穷，他自幼就勤奋好学，特别喜欢读书。白天的时候，只要有空闲，他就会手捧一本书读。然而，到了夜晚，因为家里没有煤油灯，他只能眼睁睁地看着宝贵的时间悄悄溜走，心急不已。

随着他渐渐长大，白天还要和父亲一起干活，维持家庭生活，因此夜晚的时间就显得更加宝贵。一个夏日的夜晚，他站在月光下读书，没多久眼睛就变得又酸又涩。突然之间，几只萤火虫飞过来，他不禁想出了一个好主意：虽然萤火虫的光非常微弱，但是假如捉很多萤火虫在一起，光就会变得稍微大一

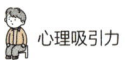

些。想到这里，他欢呼雀跃起来，赶紧飞奔回屋内找了一个绢布口袋。他捉了很多萤火虫放在绢布口袋里，果然口袋发出了微弱的光。就这样，每到夏季，他就以萤火虫为灯，发奋苦读。正是因为具有这样勤奋好学的精神，车胤虽然家境贫苦，最终却学有所成，官至高位。

家庭出身并不能决定什么，只要我们有远大的志向，有强烈的成功驱动力，终有一天能够获得成功。常言道，事在人为，虽然成功需要客观条件，但是主观因素却起到决定性作用。看看家中一贫如洗的车胤，我们还有什么理由不努力呢！

心理课堂

现代社会，很多年轻人虽然学业有成，却因为父母无力为自己提供更多的经济支持而抱怨。想想车胤吧，在那么贫寒的家庭里都能学有所成，我们和他比起来岂不是拥有更多。虽然成功需要外部条件的支持，但是更需要我们有强烈的渴望和充足的斗志。从现在开始，不要再抱怨成功的条件不足，多反思自身，你是否已经具备成功的精神和斗志？加油吧！

保持激情，才能获得强大吸引力

心语交流

在生活中，细心的朋友们会发现这样一个奇怪的现象：很多人虽然遭遇失败，但是却始终保持激情，从不放弃，不管经历过多少坎坷和挫折，他们最终都能如愿以偿地获得成功。如果用吸引力法则来解释，那就是他们坚持不懈的努力帮助他们形成了超强的吸引力，使他们为自己吸引到想要的一切。如果从心理学的角度来说，他们之所以能够最终获得成功，是因为他们的激情战胜了失败的沮丧，让他们在失败的时候也能保持旺盛的精力，不断战胜自我，超越自我，从而获得自己想要的成功。

所谓激情，是一种短时间内强度非常高的情感状态。它非常猛烈，在转瞬之间突然爆发出来，诸如愤怒、恐惧、狂喜等，都属于激情的状态。实际上，只要恰到好处地把握激情，就能让激情在我们的生活和工作中发挥积极的作用，甚至成为我们生活和工作的驱动力，帮助我们创造生命的奇迹。当激情被引入正途，发挥积极的作用时，我们首先要做的就是保持持续的激情状态，唯有如此，激情才会变成稳定的内驱力，从而促使我们保持稳定的状态，最终形成强劲的吸引力。

心灵故事

作为"镭的母亲"，居里夫人享誉世界。她从小就受到父亲的影响，对科学实验表现出浓厚的兴趣。后来，她通过努力学习，在科学的道路上越走越远，还与法国物理学家皮埃尔喜结良缘。从此之后，他们在科学的道路上携手并进，相互促进。

经过反复的推测和实验，居里夫人最终提出了放射性元素的概念。在皮埃尔的协助下，她发现沥青铀矿的放射性强度很强，远远超乎她的预料。最终，她提出了大胆的设想：在沥青矿物中一定含有新的放射元素，而且这种放射元素的放射性更强。为了找到这种新的元素，居里夫妇开始反复的实验。经过无数次实验和提取工作，他们终于找到了这种新元素。这种新元素比铀的放射性强400倍，这就是钋。

居里夫妇没有就此停止，对科学实验的激情促使他们再接再厉，发现了同样有强放射性的"镭"。为了提取出钋和镭，贫穷的居里夫妇购买了很多提取过铀盐之后的矿物残渣，试图从中找到他们想要的钋和镭。因为实验室的条件非常简陋，冬天很冷，夏天特别热，居里夫妇工作的条件极其恶劣。每次，居里夫人都费劲地搅拌20多公斤沸腾的矿物废渣，而仅能从中提取百万分之一的微量物质。在几年的时间里，他们提炼了几十吨矿物残渣，进行了多达几万次的提炼工作，才终于提炼出0.1克的镭，这对于全人类而言无疑是振奋人心的好消息。

　　如果没有对科学工作的激情和热爱，在如此漫长而又艰难的过程中，居里夫妇很难坚持下来。这就是激情的伟大作用，它能够帮助我们形成超强的吸引力，最终得偿所愿。在生活和工作中，不管我们做什么事情，都离不开激情的支撑和促进。

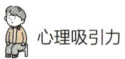

不忘初心，方得始终，从现在开始，朋友们，满怀激情地对待生活和工作吧，你们一定会有意外的惊喜。

心理课堂

没有激情，人们很难有勇气开始。只有充满激情，获得原始的驱动力，我们才能在坎坷的生活之路上战胜层出不穷的困难，才能更好地面对未来，获取最终的成功。持续的激情，能够极大地发掘人内心深处的潜力，帮助人们突破自我，超越自我，实现自我。

坚持你的信念，必将终有所成

心语交流

支撑我们突破万难走到今天的是什么？除了信心、毅力和勇气，当然是信念。对于每个人来说，信念都有着不可替代的作用，它能支撑我们的灵魂。从某种意义上来说，你拥有怎样的信念，取决于你的人生观，人生观不同的人，往往人生的信念也不尽相同。如果你正准备做一件事情，又因为没有良好的判断而犹豫不决，那么信念就会给予你原动力，帮助你迈出最初的一步。

信念，不仅是一种指引，一种原动力，也是一种追求，一种力量，更是一种鞭策和激励。信念，就像我们在人生的海洋上航行时的灯塔，在我们遇到狂风暴雨失去方向时，为我们指明前进的道路。没有信念支撑的人，一旦遇到困难就会想要放弃，这也是很多人一事无成的原因。相比之下，拥有信念的人，即使身处逆境，也能够鼓起勇气，再接再厉，永不放弃。信念，能够提升我们的心灵，让我们永远拥有自己的精神信仰。

每当遭遇失败，人们常常用"失败是成功之母"这句话来宽慰自己或者他人。殊不知，失败要想孕育成功，就要求失败的人必须拥有坚强的意志和坚定不移的信念。从这个角度来说，拥有坚定的信念，我们就成功了一半。

心灵故事

战国时期的苏秦出生在洛阳一个贫寒的人家中。他自小胸怀大志，长大之后跟随鬼谷子学习游说，然而却一事无成，只好回到家里。看到苏秦在外游学多年却毫无收获，家人们纷纷嘲笑他，甚至连他的妻子也讥笑他不务正业，只会耍嘴皮子。听到这些话，苏秦难过极了，也很羞愧。然而，他依然怀着游说天下的梦想，不管他人怎么看，苏秦依然坚信自己能够名扬天下，为此，他整日躲在书房里看书，废寝忘食。苏秦经常鼓励自己："我既然已经选择了读书这条道路，就应该凭借自己一生所学功成名就。不然，我的书不就白读了吗？"想到这里，他更加用功读书。为了缩短睡觉时间，苏秦想出了一个好办法：夜里的时候，他仍坚持读书，每当困意袭来时候，他就拿起准备好的锥子刺向自己的腿，利用疼痛帮助自己保持清醒。正是因为拥有这种必胜的信念，苏秦最终学有所成，功成名就。

很多时候，不是命运捉弄我们，让我们遭受失败，而是命

运正在磨炼我们的意志，让我们形成坚定不移的必胜信念。只有坚信自己能够获得成功，我们才能在成功的道路上走得更远，才能更加接近成功。

心理课堂

很多人在做某件事情之前，就开始杞人忧天，总是担心遭遇失败，因此裹足不前。殊不知，要想获得成功，首先需要拥有坚定不移的信念。只有信念坚定，我们才能坦然面对人生之中的诸多苦难，战胜困难，成就自己。

第 07 章

带着使命感和热情工作：散发强大的职场正能量

一旦对工作感兴趣，你就会产生动力

心语交流

没有兴趣的工作是很难维持的，也是很难做出成就的。有兴趣，才会用心；用心，才能把工作做好；把工作做好，你才能有所发展，突破自己，超越自己。与其每天在工作岗位上混日子，不如努力调整心态，培养自己对工作的兴趣。你必须想清楚，如果你真的接受不了这份工作，那么你就辞职，换一份自己能够接受的工作，否则，一味地在不感兴趣的工作岗位上熬时间，无异于浪费宝贵的生命。反之，如果你认为自己能够接受这份工作，那么就安之若素，积极应对。

很多事情都有其兴趣点。很多时候，我们本以为某项运动没有趣味性，却在自己全身心投入之后发现，这项运动实际上非常有趣。或者你捧着一本厚厚的小说，刚开始几页，让你觉得兴致索然，然而，你坚持读下去，很快就会手不释卷了。这样的改变，都是因为了解和投入。对待工作，亦是如此，我们必须深入了解工作，投入到工作中，才能更好地对待工作，发现工作中的乐趣，从而对工作充满兴趣。其实，培养对工作的兴趣没有你想象中那么难，你只需要尝试着去做就好。

心灵故事

作为一名汽车修理工，明浩每天都把工作视为一种长达八小时的痛苦折磨。工作时间里，他除了开车床，就是拧螺丝，每天都弄得浑身油腻，脏兮兮的。这份工作很无聊，明浩一点儿都不喜欢，然而，他又不能辞职，因为他不会其他的谋生手段，必须依靠这份工作养活自己。

如此半年过去了，明浩实再也无法忍受，他思来想去，

决定给自己找点儿新鲜的工作内容。从打定主意之后，他开始利用空闲时间研究汽车的构造，他想深入了解汽车。果然，明浩不再觉得工作无聊，因为他可以利用工作的间隙研究各种各样的汽车。渐渐地，他甚至不想下班了，即使到了下班时间，也依然待在车间里看看这辆车，摸摸那辆车，只为了更加了解汽车。后来，明浩通过公司的考核，成为汽车维修专家，再后来，他被公司送到培训学校进修，攻读机械制造。

从明浩决定改变工作态度的那一刻开始，他的职业生涯和人生也随之改变。几年前的明浩，显然不可和如今相提并论，等到学业结束后，他就会以汽车工程师的身份再次回到公司，不但待遇会提高数倍，人生也会变得更加开阔。这就是兴趣的力量。

很多人都深有感触：做自己喜欢的事情时，时间总是不知不觉就过去了，也丝毫不觉得疲倦。例如，你利用休息时间去钓鱼，虽然在湖边坐了整整一天，但是你依然兴致勃勃，哪怕每次上钩的只是一条小鱼，你也会兴奋不已。相反，做自己不喜欢、不感兴趣的事情，我们总是感到非常劳累，而且毫无成果。实际上，我们之所以疲倦，并不是身体的劳累，更多的是心理上的疲倦。只要调整好心态，这种感觉就会消失，不再影响我们的生活和工作。

心理课堂

　　心理学家研究证实，人们之所以常常在工作中感到疲惫，并非是身体真正的劳累，而是因为心里对工作产生的焦虑感觉，导致人们对工作的热情和积极性消耗殆尽，严重的时候，人们还会产生超强的挫败感。培养对工作的兴趣，无异于给自己的工作注入活力，这样一来，人们就会从工作中感受到兴趣，得到满足的快乐和动力，从而在工作上有更加优秀的表现。

对工作要秉持负责任的态度

心语交流

　　如今，很多企业招聘时，除了考察应聘者的硬件条件之外，在其他方面也会进行重重考察，甚至在新职员入职之后，他们依然会给职员安排一些考验性的工作，以便考察他们的责任心。从某种意义上来说，责任心已经成为企业用人的一项重要衡量标准。作为一名职员，即使能力再强，如果缺乏责任心，也无法担当工作的重任，甚至可能连工作中的小事也做不好。相反，如果一名职员能力平平，但是不管做什么事情都竭尽所能，尽心尽责，那么这样的职员无疑就会成为公司的中流砥柱，公司会因为他们的存在变得更加稳定。由此不难看出，责任心会为我们的工作增光添彩。

心灵故事

若干年前，有个二十多岁的女孩到酒店应聘。这份工作，是她为自己找的第一份工作。在得到工作机会后，她毫不犹豫地就答应下来。她暗暗告诉自己："我终于拥有了自己的工作，从此，我可以自己养活自己，我一定要认真努力地工作，不管遇到多少困难，都坚持不懈，我一定要竭尽所能，尽力表现，把这份工作做到最好。"

然而，当她第一天兴冲冲地到酒店报到时，主管却告诉她："因为你是新进人员，所以你的工作是清扫厕所。在一段时间以内，你的责任都是清扫厕所。"女孩用自己纤细修长的手拿起抹布，开始擦拭。尽管她强忍着呕吐的感觉尽力清扫了马桶，把它擦拭得比她自己家的马桶还干净，主管依然不满意：马桶必须光洁如新。女孩难过极了，她已经非常努力了，她不知道如何才能做到让马桶光洁如新，她甚至怀疑自己是不是选择错了。就在她发愁地盯着马桶时,一位年纪稍长的保洁阿姨走过来,她二话不说,拿起抹布,一遍又一遍地冲洗和擦拭马桶。在她的努力下,马桶没有任何污渍,像刚刚买来时一样洁白明亮。最让女孩惊讶的是,这位保洁阿姨最后居然拿起杯子,从马桶里舀了一杯水一饮而尽。虽然那位保洁阿姨始终沉默不语,但是女孩却明白了一个深刻的道理:马桶"光洁如新",就是将一份工作做到极致,就是马桶里的水可以喝。

女孩感到很惭愧,暗暗决定即使一辈子洗厕所,也要洗出成绩来。当她抱着这样的态度去工作时,她再也不会因为马桶的肮脏而反胃了。在往后的几十年中,虽然职位不停地改变,她却始终牢记一点:不管做什么,都要负责,都要做到最好。

对于一个刚刚进入公司的职员而言,做着打扫马桶的卑微工作,心里难免会有抵触。然而,在眼睁睁地看着那位保洁阿

姨从打扫得"光洁如新"的马桶里舀水喝时,她受到的震撼也是不言而喻的。三百六十行,本质上来说并没有高低贵贱之分,只是角色不同而已。只要用心去做,坚持去付出,终究会收获一份满意的回报。

如果不是拥有强烈的责任心,给予自己超强的动力,相信自己一定能把工作做到极致,那个女孩的人生又怎么会出彩呢?每个人都是如此,既然我们不是天生的富二代、官二代,没有显赫的家境和权势可以依靠,那么我们就只能脚踏实地地奋斗,用心对待工作中的每一件小事,竭尽全力地做好每一件事。这样的态度,定能成就你的精彩!

心理课堂

如果你恰恰从事了最不起眼的工作,那么一定要告诉自己要更努力、更用心、更负责任。越是微不足道的工作,越是需要我们长期的积累和沉淀,最终才能有所收获。如果一个人想要成功,首先要做的就是下定决心把事情做到极致,做到出色,做到无懈可击。正所谓世上无难事,只怕有心人。在日常生活和工作中,很多人都抱着当一天和尚撞一天钟的心态对待工作,这样是不可取的。做,就要做好,要做到最好,你才能在坚持不懈中渐渐接近成功,直至最终获得成功。

要想获得人生转折，唯有奋斗可以帮你做到

心语交流

不管什么原因，生活中你总会面对一些自己不得不做的事情。当这种情况发生的时候，你会选择怎么办？是闭上眼睛听天由命，还是睁大眼睛努力奋斗，为自己争取哪怕仅仅一线的成功机会？强者和智者一定会选择第二种办法，而胆小怯懦的人也许会在第一种选择中彻底沉沦。生活中总有磨难，不管什么时候，我们都有可能面对磨难，我们必须勇敢面对。

常言道，人生不如意十之八九，在这个世界上，最缺少的就是顺心如意。有时候，不如意是小事情，我们也许安慰安慰自己就过去了；有时候，不如意是大的灾难，仅仅调整好心态并不能解决问题，我们必须非常努力地去做，才能让事情出现一丝转机。看看那些生活里的成功者，没有一个是因为怯懦和退缩获得成功的，他们之中的大多数人，都曾经遭遇常人难以承受的灾难和痛苦，但他们都选择了在风雨中勇敢地站起来，迎风傲雨。一切成功的经历都在告诉我们，只有奋斗，才能拯救自己的命运；只有奋斗，才能赢得命运的转机。

心灵故事

在乔治心里，他的妈妈是个伟大的女人，那么坚强，那么勇敢。在乔治不到两岁时，他的爸爸去世了。妈妈只是一个普通的家庭妇女，没有文化，没有经济来源，她却毅然决然地承担起抚养乔治和五岁的大儿子的艰巨任务。她没有任何职业技能，只能做最辛苦的体力劳动。眼看着妈妈在疲惫中一天天衰老，乔治决定帮助妈妈分担家庭的重任，在乔治九岁时，他为自己找到了第一份工作——卖报纸。当乔治独自一人乘坐公交车去报社取完报纸又乘坐公交车回家时，天已经黑了。第二天，他用了整整一个下午才卖完所有的报纸，又累又饿。回到家之后，乔治告诉妈妈："妈妈，我不想再卖报纸了。"妈妈问："为什么呢？你卖光了所有的报纸，做得很棒。"乔治委屈地说："我站在街头卖报纸，小混混总是冲着我吹口哨，说些下流话。"妈妈抚摸着乔治的头，说："孩子，他们说下流话是他们的事情，你不必理会，你只管卖你的报纸。"

尽管妈妈没有叮嘱乔治要坚持卖报纸，乔治第二天还是去报社取回了报纸。这天下午，乔治顶着刺骨的寒风，一直叫卖到晚上。看到小小年纪的乔治冻得瑟瑟发抖，一位女士掏出十美元，买下了所有的报纸。不过，她并没有拿走报纸，而是对乔治说："这些钱足够买下你剩下的报纸，你快回家吧，不然会被冻死的。"乔治很向往家里温暖的火炉，然而他知道妈妈在这种情况下会怎么做，因此他也像妈妈那样做了——他拒绝了阿姨的施舍，没有回家，而是坚持在寒风中卖完所有报纸。乔治告诉自己："寒风只会让我变得更强壮，而不能让我退缩。"就这样，乔治从九岁开始卖报纸，不管刮风下雨，从未间断过。直到长大成人，他都始终坚持这样的原则，遇到困难的时候从不退缩，绝不放弃。这个原则，是乔治一生之中享用不尽的财富。

因为妈妈的言传身教，乔治变得更加坚强，也更加积极乐观。乔治未来的人生我们不得而知，但可以预见的是，他一定非常果敢坚毅，能够承受很多考验，也能战胜无数的困难和

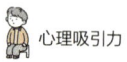

挫折。

没有谁的人生是一帆风顺的，我们都必须承受命运的考验。越是在艰难的时候，我们越是应该迎难而上，拼搏奋斗，这样才能如腊梅一般顶风傲雪，在刺骨的寒冷中傲然绽放。朋友们，如果你现在正在面对人生的困境，千万不要悲观气馁，更不要轻易放弃。记住，唯有奋斗才能助你脱离生活的困境，命运始终掌握在你自己的手中。

心理课堂

很多人在遇到困难时，或者抱怨命运不公平，或者抱怨家人不给力，却从来不在自己身上找原因，不肯想办法让自己变得更强大。殊不知，只有坚持不懈的奋斗，才能帮助你摆脱厄运，战胜困难，最终获得命运的转机。

当你真正变得强大时，你会发现自己拥有很强的吸引力，幸运也会接踵而至。如此一来，你就能获得成功，实现自己的梦想。

带着热情工作，你会散发无限魅力

心语交流

对于工作，如果你始终喋喋不休地抱怨，你就会越来越厌恶，在工作上的表现也会一差到底，毫无转机。相反，如果你能够怀着积极的态度对待工作以及与工作相关的人和事，工作就会回报你希望和快乐。我们不管做什么工作，都应该像伟大的艺术家和创作者一样，怀着热情，怀着灵感，怀着崇敬和敬畏。很多人仅仅把工作视为谋生的手段，这让工作变得枯燥乏味，其实，从某种意义上来说，工作是命运赐予我们最好的礼物。试想下，你降临人世间，努力地成长，最终依靠自己的勤劳和智慧养活自己和家庭，也为社会创造财富，这是多么高尚而又美好的事情啊！

要想改变对工作的态度，我们首先应该对工作充满"虔诚"。工作能够给我们带来的绝不仅仅是经济上的收获，而更多的是我们心灵的享受和精神的支撑。当你把工作当成是一场庄严的仪式，你在职业生涯中取得飞跃的时刻也就不远了。

工作必须要有热情。现代职场，仅有渊博的知识和娴熟的技

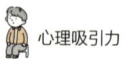

能是远远不够的，还需要有饱满的工作热情。工作热情包含两个方面：一是对工作本身热情，二是对与工作相关的人热情。不管你从事哪个行业，都离不开同事和其他部门之间的精诚合作，尤其是从事服务行业的人，除了和同事搞好关系外，更要与自己的"上帝"搞好关系。这样，工作才能开展得更顺利，也才能达到事半功倍的效果。

心灵故事

作为公司的王牌销售员，康纳在工作中不仅注重细节，而且饱含热情。他始终认为，销售产品就是销售自己，只有把自己成功地推销给客户，才能把产品顺利地销售出去。为此，他对待每一个客户时都始终饱含热情。不管客户多么难缠，他都会设身处地地为客户着想，了解客户的苦衷，最终帮助客户完成心愿。正是因为怀着这样的初衷工作，康纳才能成功地把一辆辆汽车销售出去，也才能与一位位客户成为真正的朋友。

有一次，康纳在门店接待了一位普通的女士。她人到中年，衣着朴素，看起来毫不起眼。康纳给了她一个热情的笑容，问她有什么需要，她告诉康纳："我想买一辆白色的汽车。"康纳马上回答："哦，喜欢白色的人都很单纯美好。"

她接着又说:"我家邻居就买了一辆白色的福特车,我也想要那样的。"康纳详细地询问了女士的需求,为她详细介绍了好几款车。在闲谈中,女士说:"其实我刚刚去了福特的销售点,接待我的销售员很忙碌,让我一个小时之后再去。所以,我来你们这里随便看看。"康纳丝毫没有因为听到这句话而不悦,而是高兴地说:"看来,等你在我这里选购到合适的汽车之后,我得去请福特的那位销售员吃饭,是他给了我这次为您服务的机会。"康纳成功把女士逗笑了,她说:"其实,今天是我46岁生日。"康纳惊喜地瞪大眼睛,说:"真的啊,那我简直太荣幸了,可以为您挑选心仪的生日礼物。"

康纳满面笑容地领着女士看车,一辆又一辆,非常仔细。当然,康纳也没忘记把自己试开这些车子的体验告诉女士,从而帮助她更好地做出选择。就在女士看到一款非常喜欢的车型时,康纳的助手走了过来,捧着一束盛开的白百合。康纳把这束花送给坐在驾驶座上的女士,说:"这是送给您的生日礼物,我想,您也一定喜欢白百合。"女士感动极了,说:"太感谢了,这是我最喜欢的花,我已经很久没有收到鲜花了。其实,刚才福特的销售员是看到我开了一辆破车,所以忙着接待其他顾客,没有时间接待我。我想,我应该在你这里买下这辆白色的雪佛兰,它和这束白百合很配。"

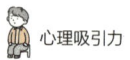

就这样，康纳不但顺利卖出去一辆车，还与这位女士成了朋友。

对于一名销售人员而言，给过生日的客户送上一束鲜花，也许只是一件小事，然而，当你与客户初次见面，得知客户过生日，就特意让助理准备鲜花，也确实很用心。这份热情，不但体现在对待客户的态度上，也体现在工作上。只有这样发自内心的热情，才能让我们更加热爱自己的工作，用心对待与工作相关的人和事，如此一来，工作怎能不顺利发展呢？

心理课堂

人与人之间的态度是相互的，当你对他人热情用心，他人必定也以热情用心来回馈你。工作虽然不是有血有肉有感情的，但它也是有灵魂的，当你对工作热情用心，工作也会给你丰厚的回报，不管是精神上的还是物质上的。唯有热情，才能创造奇迹。

做好职业规划，根据计划安排工作更顺心

心语交流

一日之计在于晨，一年之计在于春。这句话告诉我们，要想提高效率，就要趁早谋划。古人云，"凡事预则立，不预则废"，说的也是同样的道理。的确，人生是需要规划的。有些人不管做什么事情都懵懵懂懂，从不规划，导致总是对突发事件毫无准备，措手不及。相比之下，有规划的人生则从容得多，他们一步步地计划着自己的人生，虽然理想和现实之间有差距，但是大方向始终保持不变，只有这样，他们才能离自己的目标越来越近。

当今世界，方向是比努力更重要的，能力是比知识更重要的，健康是比成绩更重要的，生活是比一纸文凭更重要的，情商是比智商更重要的。由此可见，只有进行清晰明确的职业规

划，做出正确的选择，才能事半功倍，让我们不浪费宝贵的生命。那么，何为职业规划？顾名思义，就是你对自己的职业生涯有怎样的期待和计划。要想清晰地做出职业规划，我们要学会客观公正地认识和评价自己，科学地为自己进行职业定位，一个人，如果好高骛远，或者妄自菲薄，是不可能做出合理的职业规划的。制定职业规划，不但要知己，还要知彼，所谓彼，就是就业环境，很多时候，我们不能仅仅从自身情况出发来选择职业，也应该考虑大的就业环境。只有清晰合理的职业规划，才能指导我们找到最适合的工作。

生活总是这样，很容易让人迷失。只有保持清醒理智的态度，做出清晰明确的规划，才能让一切循着我们期望的方向发展，即使有所偏离，也不会面目全非。所以，你不如此刻就问问自己：我想要怎样的生活？只有把这个问题想明白了，你才能更好地进行职业规划，从而设计出自己美丽的人生。

心理课堂

从广义的角度来说，每个人在就业之前都应该清晰地了解自己的内心，同时适当地考察市场。我们必须清楚地了解自己的实力，科学地评估自己的长处和短处，这样才能扬长避短，以客观的态度进行职业生涯规划。同样的，在考察大环境时，我们只有先选择好行业，才能选择合适的企业。如果每个大学生都能一步到位地选择合适的工作，不将宝贵的青春浪费在频繁地跳槽上，那么企业就不会感慨找不到真正的可用之才，大学生也不会抱怨工作不如意了。如此一举两得，何乐而不为呢！

用心工作，不要看不起任何一件小事

心语交流

在潜意识中，人们总是情不自禁地评估自己要做的事情是否值得，尤其是在工作中，人们更是会不自觉地衡量自己的付出是否得到了应有的回报。实际上，很多事情并不是当时就有回报的，回报也可能有延后性，也就是说，我们在努力去做之后的很长时间，才会看到期望的回报。既然如此，也许有人会说，我怎么确定到底有没有回报呢？尤其是拿着工资为老板打工时，我兢兢业业地工作，都不一定能够升职加薪呢！抱着这样的心态工作的人，往往很难有出色的表现。

从本质上来说，不管是生活还是工作，都没有那么多乱世出英雄的时刻，唯有努力地做好一点一滴的小事，我们才能有机会担当大任。古人云："一屋不扫，何以扫天下。"同样的道理，如果你连自己不起眼的小事都做不好，又如何能够担当大任呢？再重要的工作，也是由一些小的环节构成的，只有每个人都足够重视工作中的小事，用心把小事做好，工作才能有所突破。的确，一切优秀的员工也都是普通员工，他们唯一的不同就在于他们从不认为自己的工作是不值一提的小事，而总是竭尽全力地去做好每件小事，尽力把小事做到极致。很多时候，你职场生涯的转折点，恰恰是某件微不足道的小事，或者是某个不经意间的变化，这也许会影响你的命运。

心灵故事

李楠在鞋厂工作，原本是销售员，后来因为工作表现出色，被调到采购部门工作。在销售旺季，鞋厂需要购进大量的羊皮、牛皮，为此，李楠四处出差，选购牛皮、羊皮。很快，他来到了内蒙古，在考察了牛皮、羊皮的质量后，他和供货商谈好价格，签订了合同。合同上，李楠特意约定："牛皮大于6平方尺、有疤痕的不要。"原本，这句话应该是这样："牛皮大于6平方尺。有疤痕的不要。"仅仅是一个标点符号的差别，最终，供货商发来的牛皮全都是小于6平方尺的，不仅耽误了工期，还给鞋厂带来了巨大的损失。

这时，李楠找到供货商理论，供货商狡猾地说："李先生，我们这可是事先约定好的呀！"经过这件事，原本信誓旦旦拍着胸脯保证完成任务的李楠深深地意识到责任重大，在他心里，再也不认为采购就是吃饭喝酒、谈价签合同的简单事情了。

一个标点符号，给鞋厂带来的损失不可估量，李楠被扣掉了一年的奖金以示惩罚。虽然很心疼奖金，但是李楠心服口服。

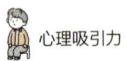

原本，李楠一直以为采购工作很轻松，只要四处和供货商谈判，签订合同就行。殊不知，采购员肩上的责任重大，如果不能为鞋厂及时订购优质的牛皮、羊皮，那么鞋厂的生产就会受到影响。看看，这就是工作无小事的真实案例。

朋友们，如果你们也觉得在工作中没有得到重用，每天都做着枯燥乏味的工作，无法体现自身的价值，那么，不妨看看李楠的亲身经历吧。要知道，每一个人都应该像螺丝钉一样深深扎根在岗位上，坚守本职工作，这样才能更好地实现分工协作。

心理课堂

每一件大事都是由一件件小事组成的，只有把小事做好了，才能把大事圆满完成。现代社会，分工越来越明确。每个人只有做好自己的工作，才能更好地配合他人，把整个事业都做得风生水起。

不管你是为老板打工，还是自己当老板，都必须调整好心态，静下心来从小事做起，努力做好分内事。工作无小事，只要你用心，就一定会在不久的将来看到回报。

第08章

打造个性魅力：一出场就能吸引他人目光

打造好形象，成功吸引他人目光

心语交流

什么叫形象？从广义上来说，形象是一个人的言谈举止、容貌打扮留给他人的印象；从狭义上来说，指的是一个人的容貌、长相以及穿衣打扮的风格。好的形象，能够帮助我们迅速打开局面，给他人留下深刻的印象。在现代社会，越来越多的人意识到形象的重要作用。很多大学生在毕业找工作之际，都会买一身质量较好的职业套装参加面试，这样一来提升自己的形象，二来也能给面试成绩加分。再看看市面上那些琳琅满目的商品，哪一个不是精心找设计人员设计过，并且经过隆重包装才推出来的呢？对于个人来说，形象就是自己的名片，能够让人一眼就看出你的品位和气质；对于商品来说，经典的形象就像是金字招牌，不管走到哪里，都能让人一眼认出来。由此可见，我们完全有必要提升自己的形象，让自己成为人生的"金字招牌"。一旦提升了形象，形成了自己的风格，我们就会拥有强大的吸引力。现代社会，不管做什么事情都离不开合作，我们投身于社会关系网，必须和各种各样的人打交道，与他们合作。为了维护良好的合作关系，让彼此之间的合作更融洽，我们就必须凭借助自身的交往符号得到他们的认可和认同，而我们的形象就是我们的交往符号。当我们得到更多人的接受和认可，我们相应地就会得到更多的发展机会，从而得到更好的发展，直至获得成功。

综合来说，好形象拥有三个方面的作用。第一，好形象会让你具有更强大的吸引力。人们往往倾向于和形象更好的人打交道，从心理上对其产生亲近感。这是社会和文化发展的必然结果，也是人们情感的自然取向。第二，好形象具备识别功能。这里的形象是广义的形象，它无声地告诉人们你属于社会的哪个阶层，表明你的出身和身价。第三，好形象还有归类作用。常言道，物以类聚，人以群分。在人际交往的过程中，人们总是情不自禁地根据他人的第一印象，自动对其进行归类。那么，你想让他人把你归入哪一类呢？你想进入哪一类，就要用心打造自己的形象，符合那一类人的共同特点。

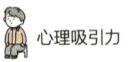

心灵故事

> 喜欢篮球的人,都对乔丹耳熟能详。他不管是在"公牛"队,还是在"奇才"队,表现都可圈可点。他高超的球技,为他赢得了无数球迷的喜爱,即便是在离开球队之后,乔丹的形象依然有着强烈的感召力和感染力。无数产品找他代言,因为他的存在就在告诉人们:信我的,准没错!这也是无数厂商花重金聘请乔丹代言的原因,乔丹的形象就是一张金字招牌,拥有强大的吸引力,为他们的产品吸引来巨大的市场份额。

毫无疑问,乔丹的形象不仅是一张金字招牌,还是一种巨大的无形资产。当然,我们未必能够像乔丹那样人尽皆知,但是在我们生活的小圈子里,我们也应该像乔丹一样,把自己的形象打造成品牌,这对我们的人生之路有着莫大的好处。

随着人们越来越意识到形象的重要作用,人们也越来越关注形象的打造。要知道,形象的好坏不仅关系到我们能否得到他人的认可和尊重,还影响到我们的社会影响力,甚至还与我们事业的成败得失有着紧密的联系。值得欣慰的是,越来越多的单位要求从业人员在工作期间穿正装,很多大学生在参加重要的面试时,也会非常关注自身的形象。这样的趋势,更加使得那些不关注自身形象的人无路可走,也就反逼他们更加关注职业形象。这就是形象的神奇力量，不管你是谁，从此刻开始学会关注自己的形象吧！

心理课堂

良好的形象，让人情不自禁地想要亲近和托付。只有当你的形象经得起职场的考验，你才能得到领导的信赖和认可。尤其对自主创业的年轻人来说，如果形象不过关，就无法顺利推销自己的产品，也就无法更顺利地走向成功。

好的形象有更强大的吸引力，从现在就开始打造属于你的专属形象吧！

把握第一印象，敲开他人心门

心语交流

什么叫第一印象？顾名思义，就是在见到他人第一面时，给他人留下的印象。曾经有科学家经过研究证实，第一印象形成的时间非常短暂，但是这个形象会给人们后来的交往带来深远的影响。从心理学的角度来说，第一印象是"首因效应"的体现，为此，很多人在与重要人物见面时，都会提前做好缜密的准备工作。例如，很多新官上任，都会进行大刀阔斧的改革，给老百姓留下良好的印象；再如，很多大学生在面试时，也会精心准备面试服装，搭配合适的鞋帽和手包等，生怕有任何疏漏，影响在考官心目中的第一印象；恋爱中的男女拜访对方的父母时，都会挖空心思准备礼物，打扮自己，只为给未来的公婆或者岳父母留下好印象。这些，都是人们在日常生活中重视第一印象的表现。毋庸置疑，第一印象的好坏，很大程度上决定着我们能否叩开他人的心扉，聪明的人都会用心经营第一印象，以期让之后的人际交往顺风顺水。

人们的很多行为都会在不知不觉间暴露出人的本性以及生

活和成长的背景，一个没有被文化浸染过的人，无论如何也装不出书香气。因此，我们除了临时抱佛脚来提升自己给人留下的第一印象外，还应该在日常生活中多读书，多提升自己的心灵，这样才能做到由内而外散发出与众不同的气质。

尽管第一印象是我们叩开他人心扉的敲门砖，但我们依然应该牢记"路遥知马力，日久见人心"这句话。即便我们已经给人留下了良好的第一印象，也依然要怀着真诚友善的心对待他人，这样才能得到他人发自内心的认可和尊重。同样的道理，我们对待他人，也不应该仅仅凭借第一印象就做出判断，而应该在日后的交往中多观察，才能了解对方真正的人品。不过，我们依然要重视第一印象，第一印象决定着我们能否在最短时间里赢得他人的喜爱，得到他人的认可。

心灵故事

小娜今年读大四了，即将毕业，和大多数同学一样，她也正在四处奔波参加面试。一个偶然的机会，小娜得知一个家型连锁企业正在招聘销售人员，于是投递了简历。原本，小娜以为像自己这样的应届大学毕业生毫无希望得到面试通知，不想，才刚过去几天，她就接到了邀请她参加面试的电话。小娜

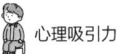

高兴极了,她先是为自己购买了一身职业套装,还专门去做了头发。好不容易等到面试那天,小娜精神抖擞地去参加了面试。小娜过五关,斩六将,经历了笔试和初试,终于来到了复试。

看到那么多竞争者,小娜难免有些心慌。见到面试官之后,她先是进行了简短的自我介绍,然后开始侃侃而谈,讲述自己在学校里的优秀表现和社会活动经验。听着小娜颠三倒四的话语,面试官不耐烦地说:"好了。你的经历,我可以从简历上了解。接下来,说说你对未来的打算吧。"看着主考官严肃的神情,小娜一时紧张,居然说:"我是想着先找一份工作做着,如果遇到合适的就再换。"说完这句话,小娜简直恨死自己了。她不知道自己为什么脑子短路,一时之间说出这句话来。毫无疑问,小娜与自己喜欢的工作无缘了。

在这次面试过程中，小娜已经做了充分的准备。然而，她只是因为在复试的时候一个问题的回答出现失误，就给主考官留下了不好的第一印象，导致与心仪的工作失之交臂。这就是第一印象的作用，虽然只是短暂的几分钟，但是却极有可能影响我们的一生。从现在开始，我们一定要从各个方面提升自己，为自身的发展做好充分的准备！

心理课堂

随着人际关系在社会生活中逐步提升到前所未有的高度，第一印象也得到人们更多的关注。要想给人留下良好的第一印象，首先，我们要保证仪表的整洁清爽，没有人喜欢和邋遢的人打交道；其次，我们还应该在社会交往中占据主动地位，例如主动和他人打招呼，主动向他人介绍自己，这样才能给他人留下深刻的印象，从而给我们加分；再次，我们还可以了解对方的兴趣爱好，找到我们与他们之间的共同点，这么做的好处是，能够瞬间拉近你与陌生人之间的距离，使其对你产生亲近感和好感；最后，我们还可以适当迎合对方，尤其是对于刚刚见面的陌生人而言，一味地否定或者指点对方肯定是不合时宜的，聪明的朋友会适当地迎合对方，让对方觉得你很贴心，认

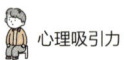

为你有超强的理解能力。总而言之，除了注意外在形象，我们还要从各个方面提升自己，这样才能更好地融入他人的交往圈子，给他人留下良好的第一印象。

幽默，是最高段位的吸引力

心语交流

语言，从来都是人类活动中必不可少的要素。人们必须依靠语言进行交流，从而相互了解，相互体谅。我国古代伟大的思想家荀子曾说："言语之美，穆穆皇皇。"这句话的意思是说，语言的美丽就是美好，而且光明正大。

幽默，作为语言最美好的特点，为诸多人所追捧。每个人都喜欢和富有幽默感的人交流，每个人也都渴望自己拥有幽默的能力。对于幽默，有些人理解得过于狭隘，认为幽默就是挖苦和讽刺他人，实际上，真正的幽默不是以他人为由头，肆意贬低或者看轻，而是一种毫无伤害的调侃，也是一种善意的交流，能够使人际关系更加融洽。尤其是在初次见面的人之间，适当的幽默能够迅速拉近彼此之间的距离，让大家不再感到生疏。要想拥有幽默的能力，我们不但要思维敏捷，而且要拓宽自己的知识面，博览群书，这样才能出口成章，让他人欢声笑语不断。

具有幽默能力的人，即使置身于陌生的人群中，也能够马上成为众人关注的焦点。幽默，能够在最短的时间里使原本陌生的人产生亲近感，有的时候，幽默还能轻而易举地化解尴尬的场面，甚至消除矛盾。幽默不是小聪明，而是大智慧，是让人笑过之后还能有所领悟的"笑话小品"。

现代社会，人们要想立足，最重要的是要具有人格魅力。幽默，恰恰是人格魅力中最重要的闪光点。在道德、性格、气质等诸多人格魅力的要素中，唯独幽默，能够使我们与他人产生良好的互动，更快地把我们展示给他人。从这个意义上来说，幽默是一种交际能力，它既不庸俗卑贱，也不阿谀奉承，而是利用自己的机智和广博的知识，让人发自内心地喜爱我们、敬佩我们。

心灵故事

美国著名作家马克·吐温以擅长写幽默讽刺小说而闻名，他对幽默的运用已经达到了炉火纯青的地步。有一次，他去外地的一个小城镇进行演讲。一天，吃完晚饭，他来到一家理发店，准备刮刮胡须。理发师问："先生，您大概不是本地人吧？"他点点头说："我初来乍到。"理发师接着说："那您可真走运，马克·吐温明天要进行演讲，这可是个千载难逢的好机会，我想您会去听吧？""哦，那当然。""您有票吗？""没有，我没有票。""太遗憾了，那您得站着听演讲了，因为现在已经无票可卖了。"马克·吐温佯装惊讶地说："真的啊，这可真让人遗憾。我的运气太坏了，每次那个家伙演讲，我总是站着。"

马克·吐温和理发师开了个玩笑，以幽默的口吻说自己每次遇到马克·吐温讲演，都只能站着。可想而知，当理发师看到站在演讲台上的主角就是此刻理发的顾客时，该有多么惊

呀啊！

现代社会，生活压力越来越大，人与人之间的关系剑拔弩张。当我们与他人发生争执时，如果能够运用幽默的力量，化干戈为玉帛，也许就能化敌为友，更好地与他人相处。由此可见，幽默的能力在现代生活中是多么重要。

心理课堂

只有心理健康的人，才能恰到好处地运用幽默的能力，让幽默为自己的人格增添魅力。幽默，不仅是一种社交能力，还是一种闪耀着光芒的智慧。幽默能力既有先天的成分，也有后天养成的成分。从现在开始，就让我们多多读书，增加心灵的储备，成为一个幽默的、受欢迎的人吧！

倾听，是一种绝佳的社交技巧

心语交流

每个人都长了两只耳朵，却只长了一个嘴巴，这是因为上帝想让我们多专注倾听，少说话，从人类独特的生理构造不难看出，倾听远远比诉说更重要。一个人如果想要拥有良好的人际关系，在社会交往中如鱼得水，那么就一定要深刻理解和领悟倾听的重要性。倾听，不是漫不经心地听，也不是边说边听，而是用心地聆听，只有用心聆听，我们才能听到对方心里发出的声音，从这个意义上来说，倾听，是心与心的对话。善于倾听的人，往往会有意外的收获，他们不仅能从对方口中获取信息，还能了解对方的心。

心灵故事

作为资深销售人员，乔治怎么也想不通自己这次为什么会推销失败。乔治在一家汽车公司工作，主要负责销售大众品牌的高档汽车。有一次，乔治接待了一个客户，刚开始，他和客户聊得非常愉快，他们相谈甚欢，相见恨晚。原本，乔治暗自窃喜，觉得客户肯定会从他手里买车，谁让他们已经成为朋友了呢！客户已经拿出了银行卡，准备跟随乔治去付款，然而就在最后的时间里，却突然改变主意，不打算再购买这款汽车。乔治百思不得其解，看着气冲冲离去的客户，他简直是丈二和尚摸不着头脑。

因为这件事情,乔治苦恼了好几天。三天后,他终于压抑不住愤懑的心情,给客户打了电话:"您好啊,昆德拉先生,我是汽车销售公司的乔治。几天前,我曾向您推荐了一部很好的汽车,您当时看得非常满意,甚至都已经准备交钱了。只是我不明白,您为什么突然改变主意了呢?您能告诉我原因吗?"

客户厌烦地说:"难道你不知道现在是午休时间吗?"

乔治赶紧表示歉意,却不依不饶地问:"对不起,打扰到您休息了,但是您能告诉我原因吗?我最近几天一直在因为这件事情懊恼,我想更好地为您服务。"

看到乔治态度这么诚恳,客户的态度才缓和了些,说:"其实,我对汽车很满意。只是我在说起我学习法律的女儿时,你心不在焉,这使我很不高兴。"

这就是原因,乔治在即将销售成功的关头,没有用心地倾

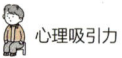

> 听客户说话。也许对于客户来说，是否买一辆车远远不如对面坐着的这个人是否用心赞许他的女儿更重要。当时，乔治的确走神了，因为他根本不记得客户曾经炫耀他的女儿，为此，他表示了诚挚的歉意。直到半年以后，乔治才再次赢得客户的信任，成功地卖了一辆车给这位客户，至此，他们才成为真正的朋友。

眼看着销售即将成功，乔治不由地得意忘形，完全忘记倾听客户的讲述。尤其是当客户讲到自己心爱的女儿时，乔治完全不知道客户在说什么，这让客户大为恼火，甚至连选中的汽车都放弃购买了。这件事情给了乔治很大的教训，也提醒我们，在和他人交往时，一定要更好地倾听对方，千万不能三心二意。倾听对方，不仅是对对方的尊重，也是对对方的重视，尤其是在与重要人物交流时，走神是万万要不得的，不然就会像乔治一样功亏一篑。

心理课堂

倾听是一种能力，懂得倾听的人能够快速地走入他人内心，了解他人的心理动态。倾听是一种情感的表达，只有当你发自内心地关注一个人时，你才能达到身心合一的倾听状态。

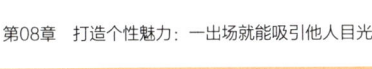

倾听也是一种艺术，不但要付出耳朵，也要投入全部的精神和感情，这样才能给予倾听对象最及时的关注和反馈，从而极大地提升倾听的效果。倾听是我们成功的捷径，我们不但可以从倾听中获取信息，也可以从倾听中得到人心。

走向成功，离不开独特的人格魅力

心语交流

古人云，"身体发肤，受之父母"，不管是美还是丑，我们的存在都是父母辛勤抚育的结果，理应为自己喝彩。而且，当我们尊重和喜爱自己时，我们会发现自己的优点和缺点，能更好地成就自己，真正成为自己。

人格魅力是人各方面综合素质的集中体现，人的性格气质、能力秉性、道德品质等都关乎人格魅力的形成。要想形成独特的人格魅力，最终产生超强的吸引力，我们就必须从多个方面综合提升自己，让自己成为能够得到他人认可和赞赏的人，这样一来，吸引力也就自然而然地形成了。纵观历史长河，很多伟人之所以能够做到一呼百应，就是因为他们有着超

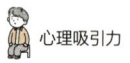

强的人格魅力，能让大多数人追随他们，响应他们的号召，这就是吸引力的巨大作用。虽然我们未必会有那些伟人一样的成就，但是在我们平凡的一生中，要想有所成就，也应该形成自己的人格魅力，从而让更多的人环绕在我们身边，为我们所用，这样才能更快地走向成功。

心灵故事

曼德拉是南非历史上首位黑人总统，被人们尊称为"南非国父"。在他的一生中获得过超过一百项奖项，其中最著名的便是1993年的诺贝尔和平奖。2004年，他还被评选为最伟大的南非人。

曼德拉的成就与他的人格魅力是分不开的，他的幽默、宽容与坦诚让他成为无数人的精神领袖。

有一次，曼德拉乘坐一架小型螺旋桨飞机去纳塔尔演讲。当飞机快降落时，有一个发动机坏了。当时，飞机上的很多人都惊恐不安，只有曼德拉在静静地看着报纸，气定神闲，一副若无其事的样子。飞机安全着陆后，同行的人问他："当时你真的不害怕吗？"曼德拉马上坦率地回答，"天哪！我刚刚害怕极了，但是作为一个领袖，我不能让人们知道这一点，为此，我不得不装一下门面。"

　　他的宽容豁达不是说说而已。2000年，南非全国警察总署发生了这样一件严重的种族歧视事件：在总部大楼的一间办公室里，当工作人员开启电脑时，电脑屏幕上的曼德拉头像竟逐渐变成了"大猩猩"，全国警察总监和公安部长闻之勃然大怒，南非人民也因之义愤填膺。消息传到曼德拉的耳朵里，他反而非常平静，对这件事并不"过分在意"，"我的尊严并不会因此而受到损害"，并表示警察总署出现了这类问题，看来需要整肃纪律了。几天后，在参加南非地方选举投票时，当投票站的工作人员例行公事地看着曼德拉身份证上的照片与其本人对照时，曼德拉慈祥地一笑："你看我像大猩猩吗？"逗得在场的人笑得合不拢嘴。不久后，在南非东部农村地区一所新建学校的竣工典礼上，曼德拉无不幽默地对孩子们说："看到

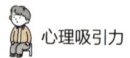

你们有这样的好学校，连大猩猩都十分高兴。"话音刚落，数百名孩子笑得前仰后合，曼德拉也会心地笑了。

有些人非常幸运，他们似乎生来就具有与人交往的能力，总是能够轻轻松松地与他人打成一片，获得他人的认可和赞赏。他们不管是说话还是做事，都恰到好处，让人无可指责。相比之下，有些人则显得没有这么幸运，他们在人际关系方面表现的比较迟钝，必须非常用心，才能有效改善自己的人际关系，并且极力表现，才能赢得他人的关注。实际上，人们总会各有所长。不管是天生的，还是后天努力学习的，我们都应该拥有独特的人格魅力，进而增强自己的吸引力，走向成功。要知道，人格魅力就像是撬起地球的支点，能帮助我们赢得成功。

心理课堂

要想形成独特的人格魅力，我们首先应该学会微笑，保持心情的平和愉悦。现代社会生存压力越来越大，很多人就像是塞满了火药的炮仗，恨不得一点就炸。实际上，平和愉悦的人更容易得到他人的喜爱，也更容易使人际关系和谐融洽。其次，还应该有信心。试想，如果一个人整日在你面前抱怨，向你传递负面能量，那么你还愿意和他交往吗？现代社会的每个人都在积极地寻求正能量，我们也倾向于接近正能量，吸纳正能量。所以，不管什么时候，都要充满信心。最后，还应该真诚。真诚是人际交往的基础，而所谓的人格魅力，最直接的体现就是他人对待你的态度。这就要求我们先要以真诚的态度对待他人，这样才能赢得他人的喜爱和尊重，从而实现自己的人生梦想。

彬彬有礼，展现你的良好修养

心语交流

在做出正确的选择时，我们往往会伴随义正词严的论调，殊不知，这强烈的情绪往往会导致我们在无形之中伤害他人，引起他人的误解。中华民族是崇尚礼仪的民族，中华礼仪在人类文明宝库中占据重要的地位，也成为无数人生活的准则。这就要求我们在做人做事的过程中，既能够做出正确的选择，坚持自己的判断，又能礼仪得体，不伤害他人，这样的结果，才是皆大欢喜的。

在日常生活和工作中，我们很容易就会与他人产生冲突。这是因为每个人思考问题的出发点不同，思维方式也不同。现代社会需要的不仅仅是高智商人才，更需要情商高、能够处理好人际关系的合作型人才，这就要求我们不管职位高低，在工作中千万不能恃才傲物，否则就很难与同事齐心协作，无法顺利地完成工作。

心灵故事

同样一件事情，因为我们处理问题的态度和方式不同，结果往往也大相径庭。如果每个人都能意识到正确选择、坚持原则和彬彬有礼并不冲突，那么生活和工作就会更美好，更和谐融洽。

有一次，林肯正准备在参议院发表演说，一位参议员挑衅地对他说："林肯先生，您是鞋匠的儿子，希望您在演讲时也能记住这一点。"对于这样的公然挑衅，换作其他人，肯定会恼羞成怒。林肯却平静地说："我的父亲已经去世了，谢谢您还记得他。虽然我当总统永远无法像我父亲当鞋匠那么优秀，但是我会牢记你的忠告。"林肯的话使在场的人全都沉默了，林肯继续说："我知道，在座有很多人都穿过我父亲做的鞋子，如果你们觉得鞋子不够舒适，我可以帮你们调整和修补。在父亲的耳濡目染下，我虽不是鞋匠，但也略懂修鞋的皮毛。"林肯的话音刚刚落下，现场就响起了热烈的掌声。

林肯这番话软中带硬，不卑不亢，无疑是反驳那位心怀恶意的议员的最好方式。曾经有些朋友建议林肯不要对政敌这么宽容友好，而应该竭力反对和打压他们，林肯却说："把政敌变成朋友，就是消灭他们的最好方式。"就这样，林肯以宽容和博大的胸怀，赢得了很多政敌的支持，最终成功任职两届总统。

林肯的方式当然值得我们每个人学习，与其多一个敌人，不如多一个朋友，这样才能更好地为我们的人生添砖加瓦，使

我们的人生之路变得更加平坦和豁达。

心理课堂

每个人待人处事都有自己的原则，尤其是在某些问题上，我们会坚定不移地坚持自己的原则，每当遇到这种情况，我们和他人之间就很容易产生矛盾。是放弃原则，选择妥协，还是坚持原则？如果你认为自己是正确的，当然要选择坚持。不过，坚持的方式有很多种，最坏的方式莫过于责怪对方，使对方恼羞成怒。聪明的人会找到合适的方法，既巧妙地说服对方，也坚持自己的立场，皆大欢喜。这就告诉我们，坚持自己的选择和彬彬有礼并不冲突，任何时候，只有让对方心服口服，我们才能得到他们发自内心的支持。

第09章

积累实力：让你获得一呼百应的感召力

机智果断，一种能让他人臣服的魅力

心语交流

当代社会，万事万物的发展都瞬息万变。在时代的浪潮中，能够脱颖而出的都是那些弄潮儿，他们在时代的浪尖上飞翔，引领着整个社会的发展趋势。他们为什么能够取得如此巨大的成功呢？用老百姓的话说，就是胆大，用文雅的话说，就是勇敢果决，有魄力。他们总是不同于流俗，很少去做那些大家抢着去做的事情，相反，他们喜欢独辟蹊径，在大多数人还没反应过来时，就已经嗅到了商机，当机立断，展开行动。

越是千载难逢的机会，越是转瞬即逝。因此，只有勇敢果决、当机立断的人，才能抓住那些好的机遇，成就自己。和犹豫不决的人相比，他们抓住了更多的机会，也抢占了更多先机。从此刻开始，抛弃迟疑不决的坏毛病，否则你就会裹足不前，而且自己也会在左思右想的过程中更加疲劳和没有主见。实际上，很多事情并不会按我们预期的那样发展，我们再怎么殚精竭虑，也无法在事情正式展开之前就预见到所有的困难，并且规避所有的不利因素。既然如此，为什么不边做边想呢？常言道，兵来将挡水来土掩，无论什么困难，终究会有解决的办法。只有坚信这一点，你才有勇气面对未来。

心灵故事

盖茨出生在华盛顿州西雅图市，他的父亲是律师，母亲是华盛顿大学的董事，不难看出，盖茨出生在中产阶级家庭，从小家境很优越。为了让盖茨拥有更好的学习环境，父母把少年盖茨送进了西雅图湖滨私立中学，正是在这里，盖茨迷上了计算机，对其表现出浓厚的兴趣。进入八年级，盖茨开始尝试进行简单的程序设计，还为自己赚了些零花钱。读九年级时，盖茨和艾伦帮助TRW公司检测了程序错误问题。

1973年夏季，盖茨开始读哈佛一年级，那时，他常常逃课去电脑室写程序、玩游戏。1975年冬季，盖茨和保罗为MITS公司的微型计算机移植了BASIC语言，得到了公司领导的肯定。在此之后的三个月，盖茨突然发现了一个问题：现代计算机产业的发展日新月异，他不能等到大学毕业再开始创业。就这样，他从哈佛大学退学，与艾伦一起创办了微软公司，那一年，盖茨刚刚19岁。1977年，当苹果等公司开始进入个人电脑市场时，微软已经顺利抢占了软件市场，从此，盖茨辉煌的人生拉开了序幕。

盖茨拥有属于自己的团队，在创业之初，他的团队就一直与他同在，当然，他也从来不缺少合作伙伴。为什么盖茨有着如此强大的吸引力呢？就是因为他勇敢果决，抓住了市场的先机。这就是盖茨的魄力和胆识带给他的吸引力，也是那些追随他创业的人无法抗拒的原因。

每个人的人生之路都是不同的，我们不能盲目地模仿和学习别人，而是应该走出属于自己的人生之路，即使遇到困难和坎坷，我们也应该抱着排除万难的坚定意志，勇敢地往前行进。曾经有位名人说，如果为了避免失败而裹足不前，那是比失败更深重的悲哀。从现在开始，拿出你的信心和勇气，勇敢地行动起来吧！

心理课堂

每个人都渴望成功，每个人在通往成功的道路上都会经历不同的艰辛。不管怎样，我们都必须踏上成功的征途，这样才能给自己争取更多的机会，避免与成功失之交臂。如果你的成功，需要很多人的协助，那么你一定要把自己培养得更勇敢、更果决，这样才能帮助你获得超强的吸引力，得到更多人的支持和协助。

只有强烈的渴望，才能让你产生积极的行动力

心语交流

很多时候，我们会抱怨命运不公平，我们既没有天生丽质的容颜，也没有高超的智慧，更没有傲人的才华……总而言之，一切似乎都是那么的不如意。即便如此，我们也不应该失去对生活的希望和渴望。在通往成功的路上，渴望成功是迈向成功的第一步，如果我们对成功连想都不敢想，那么我们还如何真正走向成功呢？

曾经有人说，人的命运是上天注定的，无法改变。但是在一切奇迹皆有可能发生的新时代，人的命运把握在自己手中，只要敢想敢干，我们就可以改变命运，而在此过程之中，心态起着至关重要的作用。只有我们努力坚持，才能够获得梦想中的成功，相反，如果我们连想都不敢想，那么我们的人生注定只能原地踏步。

生活中，目光短浅的人往往只能看到眼前的利益得失，很少能开阔思维，了解他人的鸿鹄之志。意识到这一点，我们就应该学会开阔自己的眼界。生活，其实有着无限的可能，只要我们渴望，只要我们坚持，我们就能离心中的梦想越来越近。在通往成功的路上，注定要遭受很多的磨难、坎坷和挫折，每当这时候，不要轻易放弃，而要将其视为命运对我们的考验，也许我们会有不同凡响的作为呢？所谓凤凰涅槃，浴火重生，只有遭受烈焰的考验，才能获得新生。

心灵故事

作为世界级的高尔夫选手，霍根的体能并不是最好的，而且能力也有所欠缺。然而，他特别坚强，心中充满了对成功强烈的渴望，他希望自己出类拔萃，与众不同。在事业巅峰期，他因为一场车祸，陷入昏迷，经过几天几夜的生死较量，好不容易才醒过来。原本，大家都以为他的高尔夫生涯会戛然而止，因为他的情况连走路都很艰难，然而他却勇敢地站了起来，开始练习走路。

也许是因为对高尔夫强烈执着的爱，以及对成功和不凡人生的强烈渴望，他开始蹒跚着在高尔夫球场练习走路。后来，他的体能渐渐恢复，居然又开始打球。就像是一个新生儿在学习走路一样，他每天都比前一天多打几个球。正是这样的坚持，让他在一段时间之后重新回到了高尔夫赛场，而且，他的名次节节攀升，比赛成绩越来越好。曾经救护他的医护人员都觉得不可思议，只有他自己知道：是渴望，让他重新站起来，奔向成功的终点！

渴望拥有强大的力量，一个心怀渴望的人会产生超强的内驱力，帮助他支撑自己，超越自己，获得成功。虽然我们只是

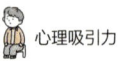

普通人，但是我们依然可以具备渴望的力量。也许我们的梦想很卑微，但是我们实现梦想时一样欣喜若狂。从现在开始，让渴望成为我们飞翔的翅膀吧！

心理课堂

渴望，顾名思义，就是强烈的愿望。和普通的意愿不同，渴望的程度更强烈，也具有更大的能量。一个人在渴望的驱使下，能够不断超越自己，让自己倍感惊喜。

毫无疑问，每个人都向往成功，然而真正渴望成功的人却少之又少。渴望，并不是单纯想想那么简单，而是要付诸具体的行动，从而帮助自己离成功越来越近。而如果没有渴望作为先驱，我们只会离成功越来越远。

让欲望引导你提升自我，为吸引力添砖加瓦

心语交流

一直以来，提起"欲望"二字，人们总是将其与贪婪的嘴

脸联系起来。的确，很多人受欲望的奴役，成为欲望的奴隶，做出违背道德和触犯法律的事情。然而，欲望真的只有负面作用吗？世界著名的成功学大师卡耐基说："欲望是开拓命运的力量，有了强烈的欲望，就容易成功。"从这句话中不难看出，欲望除了众所周知的负面作用，还拥有积极正向的作用。只要我们合理控制欲望，将其转化为我们前进的动力，它就会发挥积极正向的作用。

当一个人因为强烈的欲望而废寝忘食地努力时，他一定具有超强的吸引力。在20世纪，人类有一项重要的发现，即思想可以控制行动，这个发现让欲望的作用更加重要。因为只有心里产生欲望，才会形成渴望，才会付诸行动，由此一来，人生就进入了良性循环，欲望也得到了合理的满足和宣泄。对于一个竭尽全力地实现欲望且获得成功的人，其他有欲望的人也会情不自禁地以他为榜样，追随他、拥护他，由此形成很强的吸引力。

心灵故事

美国船王哈利年纪越来越大，便想把生意交给儿子小哈利打理。他对小哈利说："等你年满23岁，我就把公司交给你。"不想，到了小哈利23岁时，老哈利将他带进了赌场。

老哈利拿出2000美元，交给小哈利，并且告诉他赌场的规则，叮嘱他不要把钱输光，小哈利连声答应。老哈利似乎很不放心，再三叮嘱小哈利一定要留下500美元。果不其然，第一次进赌场的小哈利马上就被赌场上的跌宕起伏吸引住了，把钱输了个精光。老哈利没有责怪他，而是让他自己挣钱，再进赌场。小哈利四处打工，终于挣了800美元，拿着钱又去了赌场。这次，他在进赌场之前告诉自己："只能输掉一半的钱。"然而，这次和上次的结局一样，他在赌桌上依然无法自持，输掉了所有的钱。老哈利看着输红了眼的儿子，没有说话。

小哈利不想再进赌场了，然而，老哈利坚持让小哈利三进赌场。因为老哈利认为，赌场是这个世界上最残忍无情的地方。小哈利只好继续打工，直到半年后，他才凑够了去赌场的钱。这一次，他心中有数，在钱输得只剩一半时，离开了赌场。这让小哈利很自豪，虽然输了钱，但他却战胜了自己。老哈利也很欣慰，说："儿子，你已经战胜了自己。"此后，小哈利每次进赌场，都会在钱输掉10%时退场。渐渐地，他居然开始赢钱了，初次尝到甜头的小哈利，又犯了老毛病，再次输得精光。这时，小哈利猛然想起父亲的忠告，不由得感慨万千。

　　一年之后，小哈利已经成为赌场上的老手，不管输赢都能做到坦然面对，而且将其控制在10%以内。老哈利激动地对小哈利说："从现在开始，公司由你接管。"小哈利很惊讶，老哈利笑着说："不管输赢，都能在赌场上自由进退的人，才是真的赢了。你已经成为了欲望的主人。"

　　为了让儿子接管公司，老哈利可谓用心良苦。他明明知道从未进过赌场的小哈利一定会深陷其中，走很多弯路，还是选择以这样一种方式锻炼小哈利，这是因为他知道：能控制欲望的人才是人生的赢家。朋友们，不管是战胜欲望，还是合理控制欲望，化欲望为动力帮助自己，为成功添砖加瓦，都是了不起的。从现在开始，我们也要发挥欲望的正向作用，成为欲望

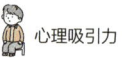

的主人，也成为命运的主宰。

心理课堂

从辩证唯物主义的角度来看，欲望既有好的一面，也有坏的一面。一直以来，我们都指责欲望给我们的生活带来负面影响，却忽略了欲望也会给予我们更加强劲的动力，让我们在人生的旅途中更加努力奋进。

只有合理掌控欲望，并且依靠自己的努力实现欲望，我们才能得到他人的认可，从而形成强大的吸引力。

远离负面情绪，形成更强大的吸引力磁场

心语交流

从心理学的角度来说，焦虑、紧张、愤怒、沮丧等都被称为负面情绪。每个人都会有负面情绪，就像天气不会永远阳光明媚一样。那么，如何对待负面情绪呢？每个人的做法都是不同的，总体而言，有积极的应对方法和消极的应对方法两种。

在积极的应对方法下，负面情绪能在最短的时间内得到排解，让阳光再次充满我们的心灵。即使偶有沮丧绝望，正面情绪也很快就能战胜它们，帮助我们保持好心情。相比之下，消极的情绪应对方法简直太糟糕了。受负面情绪的影响，人们心情烦躁，没来由地就想发脾气，他们根本不去积极地想办法，把自己从负面情绪的泥沼中解救出来，而是任由自己继续陷入负面情绪之中，变得更加烦躁不安。通常情况下，我们平时所说的积极之人就是正面情绪占据主导地位的人，而消极之人则总是受到负面情绪的影响，被负面情绪左右。

在日常生活中，我们每个人都应该远离负面情绪。如果把负面情绪比作阴雨连绵，那么正面情绪就像是灿烂的阳光、和煦的风。每个人都喜欢接受阳光的抚照，假如你想拥有更强的吸引力，当然要让自己变得积极。现代社会提倡的正能量，就是提倡正向情绪的一种方式。和充满正能量的人打交道，我们也会浑身充满力量，相反，与充满负能量的人打交道，只会搅扰了我们的心绪。要想拥有强大的磁场，我们就要远离负面情绪，让自己成为正能量的传递者。

心灵故事

近来,小雅总是闷闷不乐,就连朋友们约她出去玩耍,她都提不起兴致来。渐渐地,朋友们出去玩耍时不再喊小雅了,小雅越来越孤独,郁郁寡欢。一段时间之后,小雅感觉生活和工作都陷入了迷茫,似乎被浓重的雾包围着,无法冲破。经心理医生诊断,她患了抑郁症,必须积极接受治疗,才能恢复健康和快乐。

在医生的建议下,小雅开始约朋友出去玩。刚开始,朋友

们一想到小雅愁眉苦脸的样子，都委婉地拒绝了小雅。不过，小雅没有气馁，而是继续追随着朋友们的脚步。虽然心里还是兴致不高，但是小雅有意识地想一些开心的事情，而且和朋友们谈谈笑笑。渐渐地，朋友们又都回到了小雅的身边，关心小雅，爱护小雅。经过一段时间的努力，小雅还参加了成人高考，准备上函授本科。如今的小雅，积极乐观、阳光正向，朋友们都喜欢围在她的身边，和她一起玩耍。

就像鱼儿离不开水一样，人们也喜欢和充满正能量的人在一起。如今，越来越多的人意识到负能量的问题，也开始积极地消除负能量和负面心理，从而更好地拥抱阳光，拥抱生活。

心理课堂

对于我们而言，朋友就像是不可或缺的阳光、空气和水。如果生活中没有朋友，我们就会非常孤独。假如我们一味地沉浸在负面情绪中无法自拔，总是怨天尤人，相信再好的朋友都会对我们避而远之。那么，如果你想拥有真正的朋友，就要远离负面情绪，充满正能量。向日葵总是围绕阳光转，相信朋友一定会紧密地团结在你的身边！

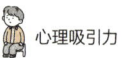

微笑具有神奇的魔力

心语交流

微笑，代表真诚，能够让陌生人瞬间与你变得亲近；微笑，代表宽容，如果你对一个犯了错误的人微笑，他会感到轻松；微笑，代表接纳，当你微笑着面对一个人，你也许已经在心里认可了他；微笑，还能感动他人，让大家和谐相处，友爱互助。微笑，具有神奇的魔力。当你微笑着面对他人，或者接受他人的微笑时，你会发现整个世界都变得美好。如果说很多事物都能打动人们的心，微笑一定是最有感染力的一种。

成功学大师卡耐基对于微笑有着极高的评价，他说："笑容能照亮所有看到它的人，像穿过乌云的阳光，带给人们温暖。"微笑和阳光一样，具有神奇的魔力，能够让人感受到发自内心的温暖。微笑，还是一架桥梁，即使人们之间没有进行语言的交流，在看到对方微笑的一刹那，他们也能够感受到彼此心意相通。在生活中，我们每个人都会遇到困难和挫折，总有人教导我们要微笑着面对生活，因为只有这样生活才能还给我们灿烂的笑脸。从吸引力的角度来说，微笑具有极强的感染力，能够帮助我们形成正向的吸引力，使我们的生活变得更加美好。从此刻开始，微笑吧，你的生活会因为微笑而改变。

心灵故事

艾米大学毕业后，一直梦想进入世界上著名的连锁酒店——希尔顿大酒店工作。要知道，对于学习酒店管理专业的艾米来说，希尔顿无疑会让她积累宝贵的经验，而且有着良好的发展空间。然而艾米知道，希尔顿员工的录用标准极其严格，不仅要求有相应的学历，还要求有良好的形象。虽然知道自己并非毕业于名牌大学，但是艾米依然抱着试试看的心态投递了简历。恰巧希尔顿酒店正在大规模招聘，艾米就这么幸运地得到了面试的机会。

在面试现场，艾米看到了无数的俊男美女，他们不但学历很高，而且颜值相当，衣着光鲜亮丽。艾米看着自己的简历，不由地自惭形秽，她想了想，暗暗对自己说："好吧，既然我已经来了，那就以我最真实的状态去面试吧。尽力而为，听天由命。"做好了最坏的打算，艾米反而不紧张了。面试时，艾米的脸上始终挂着坦然的微笑。当她走进面试的教室时，她看到门旁有一个拖把倒了,便微笑着顺手扶了起来。面试官问了艾米很多问题,最后问她:"你为什么要扶起拖把?"艾米笑着说:"因为我希望我任职的酒店就像我家一样干净整洁,给顾客宾至如归的感觉。"几天之后,艾米居然接到了录用通知,她高兴极了。

后来,艾米才知道,那天的面试中扶起拖把也是一道面试题,虽然有大概一半的面试者都扶起了拖把,但是只有艾米回答问题时带着微笑,那么自然,似乎扶起拖把就像她呼吸空气一样理所当然。希尔顿当然欢迎这样的员工。

微笑着扶起拖把，不管单位多么凌乱，都能像收拾家一样心情愉悦地把它收拾好，这也许就是面试考官想要的答案。对于一名高级酒店服务员而言，始终面带微笑，是给客户良好的入住体验的第一步。艾米的微笑那么真诚，那么自然，直接打动了面试官的心。

在这个世界上，有人长得非常美丽，有人长得却没那么漂亮，但只要我们都以微笑作为自己的妆容，就都会给他人愉悦的感受。对于微笑，古希腊著名哲学家苏格拉底曾发出这样的感慨："在这个世界上，除了阳光、空气、水和微笑，我们还需要什么呢？"苏格拉底把微笑、阳光、空气、水并列，可见微笑在他心目中多么重要。

微笑，适用于我们生活中的很多情景。对于成功的人，我们微笑着赞许他们；对于失败的人，我们微笑着鼓励他们；对于快乐的人，我们微笑着分享彼此的快乐；对于伤心的人，我们微笑着抚慰他们的伤痕。只要是有人存在的地方，就应该盛开微笑的花朵，这样世界才会变得更加美好。

心理课堂

和语言相比，微笑是无声的，然而它却最能迅速地打开他

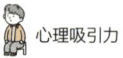

人的心扉，帮助我们走进他人的内心深处。就像每个人都喜欢鲜花一样，每个人也都无法拒绝微笑。当你想要推销自己时，不如试着真诚地微笑，因为微笑是你最好的名片。

当我们习惯微笑，对我们遇到的每一个人微笑，微笑就会像阳光一样深入世界的每一个角落，让世界更加温暖美好。

找准你的位置，形成你的吸引力

心语交流

很多年轻人都喜欢看足球比赛，那么一定知道踢足球是讲究分工合作的。一旦合作不能协调，足球场上马上就会变得毫无章法可言。从某种意义上来说，足球能否获胜，关键在于每一个球员能否找准自己的位置，最大限度地发挥自己的作用。只有每个球员都守好自己的位置，在需要的时候最大限度地发挥自己的能力，这场球赛才有可能获胜。我们的人生就像是球场，面临着瞬息万变的局势，想要过好一生也如想要踢好一场球一般，必须用心，竭尽全力。

很多人的生活，也像那些活泛的球员，不该管的事情，他非要越权去管；该管的事情，又因为精力有限，无暇顾及。如此一来，虽然自己忙得团团转，却因为没有找准位置，事倍功半，有时毫无功劳，甚至还会招致埋怨。相反，找准位置的人首先能够做好自己的本职工作，而且他们会为自己设定人生目标，有规划，思路非常清晰，做起事情来事半功倍。

心灵故事

徐阳毕业于名牌大学的中文系，文采斐然，是个公认的才子。大学毕业前夕，当其他同学都手忙脚乱四处找工作时，他凭借着好文笔轻而易举就得到了两家报社的聘用书。然而，让所有人都大跌眼镜的是，他拒绝了报社的聘用，去了一家民营企业当秘书。

在毕业后不久的一次聚会中，徐阳意气风发。他任职的那家民营企业在当地是数一数二的，凭着他的能力，很容易便成为老板面前的红人。时光荏苒，很快同学们又举行了毕业一周年的聚会。让大家备感惊讶的是，这次聚会徐阳蔫头耷脑，根本没有了往日踌躇满志的劲头。原来，徐阳被那家民营企业的老板解聘了。原因是徐阳非但不把主任放在眼里，还越俎代庖，处处抢主任的风头。就这样，徐阳非但没有把原来的主任干倒，反而自己离开了公司。

回首在民营企业工作的经历，徐阳感慨地说："这都是因为我没有找准自己的位置啊。后来我才知道，那个主任虽然能力平平，但是已经跟了老总十年了，他们是患难兄弟。我这样不把主任放在眼里，其实也就是否定了老总的过去。如果我能收敛一些，与主任搞好关系，凭我的能力，一定能够青云直上。"

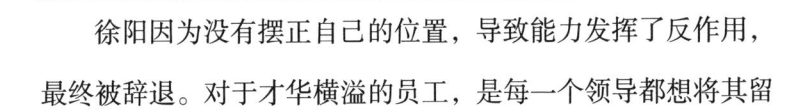

徐阳因为没有摆正自己的位置，导致能力发挥了反作用，最终被辞退。对于才华横溢的员工，是每一个领导都想将其留

下委以重任的。然而，领导喜欢用忠心耿耿的人，而不喜欢用目空一切的人。我们只有找准自己的位置，才能最大限度地展示才华，发挥作用，拥有美好的未来。

心理课堂

现代社会，最复杂的不再是技术，也不是学识，而是人际关系，尤其是在现代职场上，同事之间往往有着千丝万缕的利益纠葛。在这种情况下，我们一定要学会收敛自己的锋芒，注意尊重他人，以虚心学习的新人定位自己，努力得到领导的认可。找准位置，你的付出就事半功倍；找错位置，你的付出就会事倍功半，甚至还会导致事与愿违。

越是谦逊低调的人，越是有吸引力

心语交流

早在小学阶段，我们就把这句话烂熟于心——骄傲使人退步，谦虚使人进步，这要求我们每个人都应该杜绝骄傲，始终

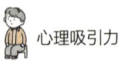

保持谦虚的心态，认真学习。

不管是在生活中还是在工作中，大多数人都不愿意和一个骄傲自满的人打交道。首先，骄傲自满的人往往特别自负，他们认为自己不管说什么做什么都是对的，很难接受他人善意的劝谏，这也直接决定了他们墨守成规，必然导致退步。其次，人们更喜欢和谦逊的人交往，他们和气友善，说起话来也轻声细语，让人感到非常亲切舒服。因为谦逊的人非常温良，所以他们身上有着一种强大的吸引力，能把人都吸引到自己身边，成为他们的朋友或者支持者。

在开拓事业时，谦逊更是一种难能可贵的品质。唯有谦逊，我们才能保持虚心的态度，持续学习，为我们发展事业提供源源不断的动力。要知道任何成功都不是一蹴而就的，必须经过长期艰苦的努力和付出。在通往成功的路上，谦逊就像是一种正能量的补给，能让我们始终保持清醒的头脑，正确对待小小的进步。谦逊的力量特别大。学过武术的人都知道，要想打出去的拳头有力量，就必须先收拳，再打出去。谦逊也是同样的道理，只有怀着虚心学习的态度，才能积累雄厚的力量，也因为力量的强大，我们才会拥有更强的吸引力。

心灵故事

唐朝贞观年间,唐太宗李世民在位。他虚怀若谷,从谏如流,知人善任,对于谏臣的话,只要是对的,就会积极采纳,他把国家治理得繁荣昌盛,出现了贞观之治的盛唐局面。

魏征是当时著名的谏臣,每次批评唐太宗都直言不讳,毫不留情。有一次,唐太宗被魏征狠狠地说了一通,气鼓鼓地回到行宫。看到唐太宗生气的样子,长孙皇后问他怎么了,他说:"等有机会,我一定要杀了魏征。"听了唐太宗的话,长孙皇后赶紧换了一套朝服,跪在唐太宗面前,说:"恭喜陛下。自古以来,只有君主贤明,大臣才敢直言进谏。如今,魏征冒犯了陛下,正好说明您的英明,我怎么能不向陛下祝贺呢。"听了长孙皇后的话,唐太宗怒气尽消,非常欣慰。

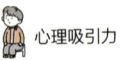

> 归根结底，唐太宗也喜欢听好听的话。不过，他最大的优点就是能够保持清醒的头脑，理智地听从魏征进谏。魏征去世后，唐太宗心痛不已，伤心地说："以铜为镜，可以正衣冠；以古为镜，可以知兴替；以人为镜，可以明得失。"魏征去世，让唐太宗失去了一面好"镜子"。

唐太宗之所以把国家治理得强大兴盛，就是因为他能够怀着理智和谦逊的态度，接受像魏征一样的谏臣的劝谏。他的谦逊，他的虚怀若谷，使得无数有才华的人聚集在他的身边，对他衷心追随，为他出谋划策。很多君主之所以亡国，恰恰是因为自以为是，从不听取他人的意见，导致失去人心，最终国破人亡。

心理课堂

不管是作为君主也好，还是作为普通人也好，我们都应该怀着谦虚的态度对待生活，对待工作。没有人是不需要学习的，即便你掌握了最尖端的科学知识，也依然需要不断更新；即便你才华出众，能力超群，也要学会如何与人相处……生活之中，学习无处不在，只有保持谦逊的品质，我们才能拥有强大的吸引力。

第10章

重信义轻钱财：反而能形成强大的财富吸引力

尽早学习理财，你不理财，财不理你

心语交流

在老一辈人的心中，节约是聚集财富的重要手段之一，因此他们习惯了省吃俭用，也很少享受。然而在越来越高的消费面前，一味地节省开支并不能聚集大量财富，也无法帮助我们发家致富，只有学会理财，才能让钱生钱，坐在家里就能享受收益。当然，理财的方式有很多。正因为如此，我们才更加需要用心对待。常言道，你不理财，财不理你。要想拥有更多财富，必须多多用心，了解理财产品，熟悉更多的理财途径，这样才能更好地管理你的财产。

心灵故事

子乔和曼丽是大学同学，毕业后进了不同的学校当老师。子乔的性格大大咧咧的，很少精打细算，属于典型的月光族"负翁"。曼丽虽然和子乔一样每个月只有三千多工资，但是花费了很多精力研究理财。她把每个月的工资拿出一部分用于投资，因为钱本身不多，所以她选择的是基金定投，每个月固定买一千元。此外，她还拿出五百元零存整取，剩下的大概两千元则用于生活的基本开销，这其中还有几百元是用来买书或者报名参加培训班提升自己的。两年时间过去了，曼丽不但有了五六万元的存款，还考取了中级职称，成了学校年级组的学科带头人。子乔依然是个月光族，总是买一些时髦的衣服，入不敷出，有的时候还需要向父母寻求支援呢！

看到自己和曼丽的差距，子乔懊悔不已。她看着已经步入小康的曼丽，羡慕地说："曼丽，你也帮我做做规划吧，我也想过上你这样的生活！"

俗话说，一步跟不上，步步不赶趟。对比子乔和曼丽的生活，子乔落后了一大截。虽然曼丽五六万元的存款不算是大数

目，但是对于刚刚毕业两年的她们而言，这算是一笔巨款了。有了这五六万元作为资本，曼丽可选择的投资项目就多了很多，她的生活水平也高出了很多。作为年轻人，在原本收入就不高的情况下，更应该未雨绸缪，这样才能提前积累，不至于在需要用钱时措手不及。

心理课堂

你不理财，财不理你。尤其是对于收入不高的年轻人而言，千万不要觉得自己没多少钱就忽略了理财这件重要的事情。只有时刻把理财记在心间，才能更好地培养自己的理财观念，养成随时理财的好习惯。要知道，在工资收入之外，凭借自己聪明的理财头脑，为自己赢得额外的收入，这是一种非常美妙的体验。

和众多理财方式相比，把钱存进银行无疑是一种非常普通的理财行为。和几十年前不同，现代社会的理财方式越来越多，只要处处留心，不管你是有着雄厚资金的大老板，还是只有一些闲散零花钱的年轻人，都能找到适合自己的理财方式，让自己拥有更多的财富。

爱财无错,但不能为金钱所累

心语交流

人的一生离不开金钱,人们的生活与金钱之间有着密不可分的关系。看看现在的生活,穿衣吃饭要花钱,孩子上学要花钱,老人看病要花钱,买房买车更是少不了金钱的大力支持……由此不难看出,金钱与每个人的生活都有着千丝万缕的联系,真是剪不断,理还乱。只有更好地理解和摆正金钱的位置,我们才不会为钱所累。有些人,明明生活已经非常富足,却依然为了金钱而不择手段,这样的人,很难拥有完满的人生,而是始终在局促中艰难度日。

虽然我们每时每刻都要和金钱打交道,也深知没有金钱的苦楚,但是依然要记住一句话:钱不是万能的。因此,在追求金钱的同时,我们也更应该爱惜生命,理智地对待金钱。人活着,要想生存,必须满足衣食住行的需要,在这中间,金钱起到了重要的作用。人活着之所以区别于动物,是因为除了生理需要之外,还有精神和感情上的更高的追求。如果一味地为钱所累,就会使生活失去意义,人们也会变成只会挣钱的机器,既然如此，金钱还有什么意义呢？所谓本末倒置，就是如此。

只有当你成为金钱的主宰，用金钱帮助自己获得幸福的生活，用富余的金钱帮助他人，为社会造福，你才能获得真正的幸福。

金钱和幸福之间没有必然的联系，只是幸福的辅助手段之一，一旦为钱所累，人们就会与幸福渐行渐远。

心灵故事

东晋末期，伟大诗人陶渊明淡泊名利，从不趋炎附势。他文采斐然，才华横溢，为后世留下了很多优美的诗词。尽管如此，他却一生清贫。

有一年，陶渊明在彭泽县当县官。临近春节，郡里派官员来视察工作。这位官员特别傲慢，刚到彭泽县，就让人传话，命令陶渊明去拜见他。得到消息后，陶渊明对官员的颐指气使心生不悦。然而他官位低，只好立即出发前去拜见。这时，县里的文员对陶渊明说："拜见视察官员要衣着整齐，态度谦虚，否则，他一定会在郡太守面前告你的状。"听了这话，原本就刚直不阿的陶渊明不由得气愤地说："我宁可饿死，也不愿意为了这五斗米的俸禄，去向那种小人作揖。"说完，刚刚到任不到三个月的陶渊明就递交了辞呈，从此再也没有入朝为官。

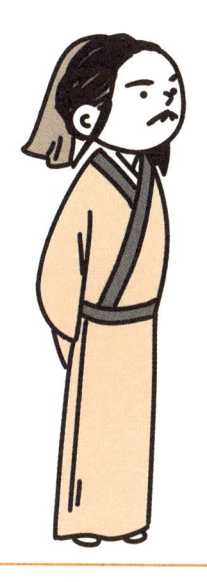

陶渊明的风骨和气节，值得我们敬佩。他只愿凭着自己的能力在官场上生存，不愿卑躬屈膝，低三下四。他成为大名鼎鼎的文学家，却终生不再入朝为官，饱经生活的磨难。难道陶渊明不爱钱吗？他当然爱钱，毕竟要养家糊口，他也希望家人过上富足的生活。然而，他更在乎自己的气节，不愿意趋炎附势。这样爱钱，却不为钱所累的高尚品质，让人不由地肃然起敬。

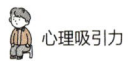

心理课堂

如果没有金钱,我们就无法生存,更别说提高生存的质量了。然而,金钱虽然很重要,却不是万能的。只有摆脱金钱的负累,摆正心态,我们才能更好地驾驭金钱,让其为我们所用。

归根结底,生活中除了金钱,还有很多值得我们追求的东西。只有以平常心看待金钱,我们才不会一叶障目,被金钱蒙蔽了眼睛,无法看清生活的本质。只有成为金钱的主宰,我们才能用金钱为自己创造更多的精神财富,让自己拥有真正的幸福。

财富有什么价值

心语交流

很多人之所以在追求财富的道路上误入歧途,就是因为他们没有真正认识到财富的价值。有些人对财富的追逐十分盲目,总觉得金钱越多越好,永远没有尽头。实际上,一个富翁即使身价千亿,睡觉也只能占据一张床的位置,吃饭也只能吃胃的容量。有的人疯狂地挣钱，为此违反法律。陷入这样的恶性循环，会让人生变得毫无希望，坠入深渊。

与之相对的是，有些人虽然也努力地挣钱，但是从不会被金钱所累，而是利用自己创造的财富，帮助那些有需要的人。

心灵故事

股神巴菲特在拥有巨额财富的同时，始终不忘慈善事业，截至2014年，他已经捐献出将近230亿美元。很多人一定不理解：自己辛辛苦苦挣来的钱，不留给孩子们，反而捐献出去，这是为什么呢？如果只是为了名誉，那么只捐献出一部分也就足够了，为何要把绝大部分都捐献出去呢？对此，巴菲特说："对我而言，1%的财富已经足够维持我和家人的生活。剩下的钱放在我这里，毫无意义，并不能让我们更健康安宁，也不能使我们觉得更幸福。"基于这样的想法，他把99%的财富都捐献出去，让它们在需要的地方发挥作用。

和巴菲特一样，比尔·盖茨夫妇也把自己一生积攒的财富捐献给了慈善事业，总计280亿美元。他们成立了比尔和梅琳达·盖茨基金会，深入世界各地，为那些最贫困的地区带去温暖和光明。作为比尔的妻子，梅琳达显然是这个世界上最富有

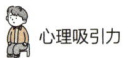

的女性慈善家。她与比尔共同拥有800多亿美元的身价,而他们的生活完全不需要这么多财富。在一颗慈善之心的驱使下,梅琳达曾经独自管理基金会长达六年之久,直到比尔退出微软的日常经营,他们才开始一起致力于慈善事业。

  从这些富豪的身上,我们不难看出财富的价值所在:财富,只有在需要它的地方,才能最大限度地发挥作用。如果一个人拥有财富,却像守财奴一般,那么这样的财富是没有任何价值和存在意义的。也许有人会说,我们并没有那么多的财富可供支配。事实情况是,这个世界上一定有比你生活更艰难的人。当你过着安稳的生活,非洲还有无数的孩子因为战乱颠沛流离,很多缺衣少食的地区的孩童被饿死,甚至在你的身边,也有很多人需要你伸出援手。我们不能要求每个人都成为不折

不扣的慈善家，然而在过好自己的生活的同时，我们可以做些力所能及的事情帮助别人。当财富在我们的操控下物尽其用，发挥最大的价值，你一定会体验到前所未有的充实和快乐。

心理课堂

财富的价值，就是帮助那些需要帮助的人。当我们赚取的财富已经足够维持我们的正常生活时，在行有余力的情况下，不妨伸出你的援手。从吸引力的角度来说，当你的善行越来越多，你的磁场也会越来越强大，你自然能够吸引更多的财富来到身边。

君子爱财，用之有度，更要取之有道

心语交流

金钱虽然能够帮助我们获得物质的享受，却无法满足我们对精神和感情的渴求，尤其是在真爱面前，只有财富是远远不能获得幸福的。只有让财富为我们所用，为我们的生活创造积极的意义，财富才能够更加体现自身的价值。现代社会，人们所说的财富，通常指的是金钱，实际上，财富分为两个方面，即物质财富和精神财富。如果一味地追求物质财富，人们就会失去幸福；只有把物质财富和精神财富相均衡，兼而得之，我们才能得到幸福。这就是人生的平衡。

如果我们能够在追求物质财富的同时，不忘提升自己的精神境界，追求精神财富，那么我们就一定会拥有幸福，而不会成为腰缠万贯的"穷人"。不管何时，我们都应该尊重和在乎自己的人生体验。在满足基本的生活需求之后，拥有金钱的多少并不能代表我们获得幸福的多少。既然如此，我们为何还要因为金钱而不择手段地做一些违背道德、违反法律的事情呢？要知道，人们对金钱的欲望是永无止境的，我们应该学会驾驭自己的欲望，不要被欲望驱使。

心灵故事

朱莉是一个身世多舛的女孩。她从小就没有父亲，是母亲一手把她带大的。母亲一个人既要工作，又要照顾朱莉，吃尽了生活的苦头。朱莉从小就很懂事，在进入大学之后更是发誓一定要出人头地，让母亲过上幸福的生活。

第10章 重信义轻钱财:反而能形成强大的财富吸引力　　　　　　　　　　　217

大学毕业后,朱莉进入一家公司当会计。每天,朱莉都要和现金打交道,渐渐地,她对金钱的欲望越来越强烈。看到身边的女同事都打扮得花枝招展,整日穿金戴银,她很羡慕。她原本为了把妈妈接来一起生活而辛苦攒钱,但这些钱却少得可怜,甚至不够买一件像样的首饰。

渐渐地,她动了歪心邪念。她利用工作的便利,挪用公款,为自己买了好几件首饰。她对自己说:我会很快把钱还回来的,我这么做只是不想让其他女同事瞧不起我。然而几个月过去了,她非但没有攒够钱把公款的窟窿补上,反而又挪用了好几笔公款,为自己租了一套两居室,还添置了好几件家电。她想:我要先把妈妈接过来,再攒钱还给公司。就这样,朱莉

> 在欲望的泥沼中越陷越深,最终欠了公司十几万元钱。她感到害怕,提出了辞职,要知道以她的工资,不吃不喝两三年才能积攒十几万呢!她原本以为辞职之后公司就找不到她了,殊不知,公司要求她在辞职之前把账目交接清楚。这时朱莉才意识到问题的严重性。最终,她向公司坦白了这件事情,公司领导念及她平日里工作还算认真,给了她三个月时间凑齐所有的钱还回来,否则就会采取法律手段。

朱莉犯了一个非常严重的错误——"监守自盗"。这件事情如果传出去,对她未来的职业生涯会造成非常恶劣的影响,她也很有可能因为公司的追究而承担法律责任,这样一来,她的一生都会受到影响。从吸引力的角度而言,财富自然也会离她而去。相反,如果她能够"君子爱财,取之有道",凭借自己的勤奋和努力,认真工作,那么她不管是在人品上还是在工作能力上,都能得到他人的认可,也自然会为自己创造更加美好的未来。

在生活中,很多人都因为过于追求金钱,产生"人为财死,鸟为食亡"的观点。殊不知,这样的观点是非常危险的。人生,当然需要金钱的支撑才会更加顺遂,然而绝非只需要金钱就足够。不管什么时候,做人都应该坦坦荡荡,既然要做到问心无愧,就必须坚守住道德的底线,任何时候都不能触犯法律。尤其是在金钱方面，更不要为了金钱而失去做人最宝贵的精神和品质。

心理课堂

现代社会，每个人都可以凭借自己的能力、勤奋和努力，得到相应的发展机会。只有愿意付出，人们才会得到回报，才能很好地生存。既然如此，我们也应该恪守"君子爱财，取之有道"的古训，千万不要因为金钱导致人生出现急刹车，或者走弯路。常言道："君子坦荡荡，小人长戚戚。"每个人都应该努力成为君子，这样才能在机会到来的时候，创造属于自己的精彩人生。如果因为金钱的小利益而失去大的发展机会，则会得不偿失，追悔莫及。

尽早树立正确的金钱观

心语交流

随着物质的丰富，人们在追逐物质脚步的同时，欲望也越来越大。现在虽然工资越来越高，生存的不安感却越发强烈，究其原因，是因为人们想得到的太多。当然，适度地满足自己对生活的欲望，是没有错误的，从某种意义上来说，欲望反而是我们不断奋斗的动力。然而我们需要学会合理控制欲望，不要被欲望绑架，否则就会在金钱中沉沦，变得唯利是图。

毫无疑问，人类生活和社会发展都要建立在金钱的基础上。生活中不乏有人瞧不起穷人，又或者憎恶富人，其实，不管是"歧穷"还是"仇富"，都是不健康的财富心理，只有坦然面对金钱，合理追求金钱，才是正确的财富观。

既然没有金钱是万万不能的，有了金钱也不是万能的，那么，我们就要摆正金钱的位置，既不要盲目崇拜金钱，也不要视金钱如粪土。毕竟，生活不是诗意的，生活也有其残酷的一面，只有树立正确的财富观，我们才能让金钱为我们所用，为我们的生活创造更多的美好。

心灵故事

永刚有个幸福和谐的大家庭，他有爸爸妈妈，还有弟弟妹妹。作为家里的老大，永刚在读完高中之后就辍学了，四处打工，为弟弟妹妹凑学费。永刚的爸爸妈妈身体都不好，只能勉强做些农活。每次回家，不管再怎么辛苦，看着弟弟妹妹那么高兴地去上学，永刚就觉得自己的一切付出都是值得的。

后来，永刚打工积累了一些资金，开了一家工厂。也许是因为过够了苦日子，永刚把钱看得很重，他疯狂地工作，废寝忘食。眼看着工厂的运转越来越好，家里的日子也越来越富裕，永刚却因为偷税漏税被举报了。看着被查封的工厂，在看守所里的永刚懊悔不已，他很怀念以前的日子，一家人在一起热热闹闹的，虽然吃糠咽菜，但是那种感觉真好。如今的他为钱所累，失去了自由，永刚进行了深刻的自我反省，发誓出去之后一定要遵纪守法，再也不因为金钱栽跟头。

如果不能树立正确的财富观，人们就会为金钱所累，无法驾驭金钱。事例中的永刚，在开办企业后，没有按照法律规定交税，看似节省了很多钱，实则蒙受了更大的损失。树立正确的财富观，既要珍惜金钱，又要学会舍得。财富，原本就是流通的，只有在流通过程中，财富才能实现自身的价值。只有在为家庭和社会创造财富的过程中，我们才能实现自身的价值。

心理课堂

如今，越来越多的父母重视培养孩子的财富观，这对于孩子们未来的人生规划，有非常大的好处。如果能够及早对孩子进行财富教育，既能培养孩子的财商，也为孩子长大成人之后的理财做好准备工作。不管财商多么高，都只有以正确的财富观作为导向，才能让财富为我们所用。对于财富，有人说其像海洋中的水，越喝越渴；有人对财富甘之如饴，来者不拒，认为只有拥有更多的财富，才能变得更幸福。事实却是，在实现生存需要之后，人们的幸福感和财富的多少并不成正比，郁郁寡欢的有钱人比比皆是，幸福快乐的普通人也很常见。由此可见，正确的财富观至关重要。

比财富更为重要的是信义

心语交流

在人们挤破了脑袋想要赚取更多的金钱时，还有多少人能把信义挂在心间？看看那些成功人士，他们之所以拥有万贯家财，不是靠着坑蒙拐骗，而是靠着诚信经营。在中国，几千年来的文明为我们留下了丰富的传统美德，而信义是一个人当之无愧的美德，几千年来，不管世事如何变迁，人们始终牢记诚实守信的做人之道，使其成为我们民族精神的灵魂所在。

不管财富对于我们多么重要，我们都要坚持信义的原则，否则一切都将变成空谈！

从某种角度来说，如果你失去了信义，虽然能够获得短暂的利益，但是必将承受长远的失败。财富从来不会青睐不守信义的人，既然如此，为何不坚守信义呢！你要坚信，只要你坚守信义，即使眼前吃了一点点小亏，你的人品和高尚的品德，也必将让人们更加信任你，从而团聚在你的身边，为你聚拢财富！

心灵故事

　　一个年轻人背负着七个行囊,一路前行,行囊里面分别装着健康、英俊、诚信、机智、才华、金钱、权势和荣誉。他走着走着,来到了河边,坐上了船。在渡船上,突然刮起了一阵狂风,撑船的人对年轻人说:"小船不堪重负,你必须丢弃一个行囊。"年轻人思来想去,丢掉了"诚信"。撑船的人不屑一顾地笑了,说:"年轻人,当你把诚信丢掉,就注定了你人生的小船必然倾覆。"果然,一个浪头打来,船翻了,年轻人好不容易才游到岸上,可所有的行囊都沉到了水底。

　　虽然这是一则寓言故事,却告诉我们一个深刻的道理:诚信是立命之本,如果没有诚信,人生注定会自取灭亡。随着诚信的丢失,健康、金钱、权势等,都会接踵而去。由此可见,诚信能够帮助我们吸引更多的财富,也能助力我们的人生,让我们的人生更加幸福圆满。

心理课堂

众所周知，如果没有阳光、空气和水，我们就会失去生命。同样的道理，诚信是我们生命中最宝贵的资源，离开了诚信，我们不但寸步难行，而且还会失去很多宝贵的财富。当我们为了获得眼前的利益而践踏诚信时，就注定了我们也许会短暂地拥有财富，但是精神上却会永远一贫如洗。即使是物质上的财富，也不会在没有诚信的人身边长久地停留，等待他们的必将是困窘的命运。

好人品是多少财富都无法换来的

心语交流

每个人都渴望成功，因为成功不仅能够改变我们的命运，还能给我们带来闪耀的光环。在追求成功的路上，每个人都竭尽所能，想方设法，甚至有些人为了成功不择手段。殊不知，光明正大取得的成功能够让人对你刮目相看，如果你采取卑劣的手段获取成功，则会被人唾弃，这是因为大多数人都认为，能力固然重要，人品更加重要。仅仅能力强是远远不够的。人们常说，人品才是最高学历。不仅仅用人单位需要人品好的员工，社会也同样需要积极正向、人品好的人作为润滑剂和领头羊，为社会营造良好的氛围。人品好的人才，已然成为当代社会稀有且珍贵的资源。如果一个人虽然能力很强，但是人品却很差，为了长远的效益，用人单位也不会聘用他。一个人品差的人会让整个团队都陷入恶性循环之中。反之，如果一个人能力平平，但是人品很好，这样的人虽然起不了带头作用，但是可以成为团队的中坚力量，团队能够平稳有序的发展，正是因为有他们的存在。

心灵故事

作为一名普通老师，张宁始终有一个伟大的梦想，建立一个教育网站，为更多的老师和学生服务。然而，想要依靠自己的力量实现这个梦想，显然有些困难。目前，他每个月的工资只有四千多元，而开设网站却需要几百万元。尽管困难重重，他却始终没有放弃希望。每当工作闲暇，他就会把自己的一些教育论文、课件等发表到自己的博客上。有一次，他家访的时候认识了一名学生家长，在闲谈中，张宁把自己的梦想告诉了学生家长。几天之后，学生家长找到张宁，说："张老师，我给你投资五百万，你开始做网站吧！"

张宁有点儿丈二和尚摸不着头脑，这可真是天上掉馅饼的好事啊！然而，五百万不是个小数目，万一失败，他真的赔不起。这时，学生家长毫不犹豫地说："赚了平分收益，赔了全都算我的！"张宁辞掉了教师的工作，开始筹备网站。他在全国范围内招募了很多有才华的教师、网络研发工程师，废寝忘食地投入工作。很快，五百万的投资款就全部用完了，但是网站只是具备了雏形。看到张宁为难的样子，学生家长又找朋友一起合伙投资了六千万，这几乎是他和朋友所有的资产。这下子，张宁再无后顾之忧，经过五年艰苦卓绝的研发，最终成功打造了一个涵盖九年义务教育所有课程的教育资源平台。此后，他在网络上推广自己的教育科研产品，没过几年就收回了成本。

后来，有人问学生家长："你为什么敢把所有的钱都投给张宁呢？"学生家长笑着说："我当然不是盲目投资。在家访时第一次听张宁说起他的梦想，我就非常感兴趣。但是，我不知道张宁的人品如何，就在请他吃饭之后又邀请他去蒸桑拿、按摩，不想，他的脸马上羞得通红。我就知道，他是一个非常老实本分的人。后来，又经过几次接触，我看到他不但人品好，做事情也特别认真，所以才大胆地进行投资。事实证明，我的眼光没错，人品好的人一定能获得成功。"

在这个世界上，很多人有好的项目，却没有资金启动；也有些人有闲散的资金，却不敢轻易撒手投入某个项目中。如果每个人都有着良好的人品，让人感到非常踏实可靠，那么像上述事例中的成功合作，就会更多。

心理课堂

人品，是你的名片，代表着你的为人秉性。不管是在生活中，还是在工作中，人们一定愿意和人品好的人打交道。如果